刘 欢 著

剑与盾之歌
人类对抗病毒的精彩瞬间

科学出版社

北京

内 容 简 介

通过一代代科学家艰苦卓绝的探索发现，人类已进入了基因克隆时代，实现了科学技术的飞跃发展。本书纵横历史上下数万年，介绍了病毒在从古代到现代生活中对人类社会造成的巨大影响，探寻了病毒起源和传播，揭开了病毒的神秘面纱。通过疫苗等科学防疫手段攻克天花和狂犬病等，展示了科学技术战胜疾病的伟大力量，并淋漓尽致地展现了科学家在追求真理过程中实事求是、奉献牺牲的科学精神。

本书意在通过叙述一个个人类对抗病毒的精彩瞬间，向大众普及病毒学及免疫学相关知识，尤其适合广大青少年读者阅读。

图书在版编目（CIP）数据

剑与盾之歌：人类对抗病毒的精彩瞬间/刘欢著. —北京：科学出版社，2019.6

ISBN 978-7-03-061052-2

I. ①剑… II. ①刘… III. ①病毒—普及读物 IV. ①Q939.4-49

中国版本图书馆 CIP 数据核字（2019）第 070102 号

责任编辑：张颖兵 陈逗逗／责任校对：王 莹 张 晗
责任印制：赵 博／装帧设计：苏 波
插画绘制：达美设计

科学出版社 出版

北京东黄城根北街 16 号
邮政编码：100717
http://www.sciencep.com

北京建宏印刷有限公司印刷

科学出版社发行 各地新华书店经销

*

开本：720 × 1000 1/16
2019 年 6 月第 一 版 印张：18
2024 年 9 月第二次印刷 字数：208 000

定价：68.00 元

（如有印装质量问题，我社负责调换）

刘欢，中国科学院武汉病毒研究所副研究员、中国微生物学会会员、中国科普作家协会会员、湖北科普作家协会会员、武汉科学普及研究会理事，毕业于武汉大学生命科学学院病毒学国家重点实验室，于美国科罗拉多大学开展医学免疫学博士后科研工作，主要从事微生物学、病毒免疫、分子进化以及生物安全与健康教育研究。

在《光明日报》等媒体发表《对抗 HIV：一场持久战》《神奇基因：从蜘蛛侠到绿巨人》等文章 20 余篇。出版著作《病毒与人类世界的时空风暴》《流感病毒：躲也躲不过的敌人》，主编《四级重器：武汉国家生物安全实验室（P4）》，创作视频《没有硝烟的战争：人类与流感病毒》《说走就走的旅行：病毒跨种传播》《精准制导的分子武器：抗 HIV 药物》，获得全国优秀科普视频作品奖、中国科学院科普视频大赛奖、武汉市优秀科普作品奖等奖励。

在"院士专家进校园"等活动中，以《生命探索的精彩瞬间》《微生物与健康》《微观世界的复仇者联盟》为主题演讲科普报告和教授科学教育课程 60 余场，受众逾万人次，被授予"国际科普作品大赛科普贡献者""全国科普日先进个人""湖北省科技活动周先进个人""武汉科学家科普团优秀团员"等荣誉。

小友刘欢，缘起东湖之滨珞珈山麓，十余年投身微生物学领域，相识数载。

初识在纽约，知道他是从美国科罗拉多大学博士后出站后进入中国科学院工作，年轻且富有活力。后得知他竟十分热衷科普，还是武汉科学家科普团团员，惊讶之余不禁有几分钦佩，这于时下年轻人，特别是工作比较繁忙的科学研究者来讲是不多见的。他的许多科普文章我都曾拜读，本书还是继承了他一如既往的风格，新人耳目。

经济全球化和人员交流的日益广泛，使传染病的传播和蔓延日益加快。作为传染病的病原，细菌和病毒比人类更早出现在地球上。相较其他重大疾病，传染病可称得上"瘟疫"，它给人类社会带来的阴影，是其他灾难难以比拟的。这也是无数科技和医疗工作者夜以继日舍身忘我的原动力。

如今，我们既面临着再发传染病的继续威胁，又面临着新发传染病的不断挑战。十几年前人们对冠状病毒还十分陌生，然而2003年一场突如其来的 SARS 疫情，在极短的时间内传播到全球30多个国家，夺去了近 10% 感染者的生命，使得冠状病毒开始被普遍关注。2015 年，带来 MERS（中东呼吸综合征）的新型冠状病毒突然在沙特蔓延开来，并越过大漠直达亚欧大陆，引起世界广泛关注。刘欢的这本书中还介绍了 H7N9 禽流感病毒、HIV、埃博拉病毒等时下比较"热门"的传染病病毒。

我从事研发治疗艾滋病的药物和预防艾滋病性传播的杀微生物剂近 30 年，且早在 2012 年就开始关注 MERS 冠状病毒发展。

当时 MERS 冠状病毒才在中东地区被发现不久，全球受感染者只有 9 人，着实是个"冷门"病毒。其实做病毒研究这行的，每出来一个新的高致病性病毒，就希望马上研究出针对该病毒的防治策略，为应对其疫情贡献智慧力量。"苟利国家生死以，岂因祸福避趋之"。风云际会，这也是时代赋予科技工作者责无旁贷的使命。书中琴纳、巴斯德的科学故事，也深刻地诠释了这种精神。

病毒这个对手就在我们身边却不露痕迹，渺小得令人忽视但却经常给人致命一击。攻克病毒的科学征途布满险隘雄关，"人定兮胜天，半壁久无胡日月"，相信凭借着全世界科技工作者坚韧不拔、百折不挠的意志和努力，人类在抗击病毒的战役中最终将吹响胜利的号角。

字里行间可以看出，刘欢在这本书的写作出版工作中付出了很多心血。"宝剑锋从磨砺出，梅花香自苦寒来"。我为他在学术和科普上取得的成就感到高兴，并祝愿他在今后的道路上能够更上一层楼。

2018 年 10 月于中央公园

新时代

埃及的金字塔，建造在宏伟巨石之上的古文明遗址，从种种迹象表明，太阳成了人类心目中的神圣象征，生灵万物与四季更替，形成了人们对太阳的崇拜敬畏，诸多太阳神的形象，印刻在生命历史的年轮上。曾几何时，我们所居住的地球，也被认为是宇宙的中心，日月星辰交替变化，银河也不过是不可触及的天河。在繁星璀璨的夜空中，闪烁着如同太阳般的恒星，或许也孕育着缤纷的生命形态，在彼此的时空中掀起激荡的风暴。

在我们这颗蓝色的星球上，历经沧海桑田，在亿万年时空的漫长历程中，生命游弋在远古的珊瑚海，奔跑在侏罗纪的恐龙大陆，很长时间过去了，地球迎来了新的纪元。地球向所有的生命展示了大自然的威力：火山、冰雪、洪水、地震、海啸。在人类文明发展的初期，我们将愿望寄托在超自然的神话中；然后，人类又在摸索中探寻自然世界的奥秘，逐渐掌握了物质运动规律和法则，创造了辉煌文明的史诗传奇。

天与地之间，是人与自然的激情碰撞，犹如处于太阳系中的行星地球，沐浴着太阳的能量源泉，形成于广袤无垠的银河宇宙。病毒，似乎来到大自然的时间更早，然而人类却很晚才意识到它的存在。伤寒、天花、瘟疫、流感、热疾，给人类健康造成巨大伤害，更留下了刻骨铭心的死亡阴影。终于，人类也找到了无形世界中的微生物，彼此在气候环境的变迁下邂逅，演绎一场场惊心动魄的战斗。人类在认识病毒的新征程中，开启了主动发现的挑战模式，那将是一幅全球病毒谱的浩瀚画卷。

剑与盾之间，是疾病与健康的无声较量。病毒在这较量中，变幻和适应新的生存环境条件，进化和升级新的感染逃逸能力；人类也在这较量中，维护正常的新陈代谢生理机能，防御异常的病原入侵机体致病。透过显微镜中活泼的微生物，人体细胞的各类形态慢慢清晰，有吞噬和杀伤的细胞免疫，有抗体中和的体液免疫，随着循环系统，守卫着身体健康的防线，奏响了一部波澜壮阔的生命交响乐章。

　　歌德在《浮士德》中歌唱："每天去开拓生活和自由，才能去享受生活和自由。"无论何时，人类都在探寻生命的本源；无论何地，人类都在追求健康的主题。新时代，健康的科学思想将翱翔于长空，健康的科技成果将书写在大地；新时代，科学技术的进步将惠及于人民，科学普及的源泉将植根于心灵；新时代，是世界人民共享健康的时代，是构建人类命运共同体的时代。

2018 年 5 月于珞珈山

目录

目录

目录

深影·达摩克利斯之剑

"达摩克利斯非常享受作为国王的感觉，他抬头突然发现王位上方仅用一根马鬃悬挂着的利剑。"

——新发和烈性传染病等非传统生物安全威胁，是新形势下全人类共同面临的重大挑战。

第一章
"影子刺客"重出江湖

2014年11月3日，美国纽约的新世贸中心在原址上建设竣工，劫后重生。尽管世贸中心的废墟和五角大楼上空的烟尘已经消散，但是十余年前发生于纽约和华盛顿的那场恐怖袭击事件至今仍令无数美国人心有余悸。

2001年9月11日上午，数名劫机者劫持了四架美国民航客机，其中两架客机撞击位于纽约曼哈顿的世贸中心双子楼，这两幢摩天大楼随后起火并最终相继坍塌；另有一架飞机由劫机者驾驶撞毁了华盛顿美国国防部所在地五角大楼的一角；而第四架遭到劫持的、原计划袭击美国国会大厦或白宫的飞机在宾夕法尼亚州坠毁。这就是震惊世界的"9·11事件"。

"9·11事件"是发生在美国本土的最为严重的恐怖攻击行动，遇难者总数高达2 996人，较1941年第二次世界大战时期"珍珠港事件"的遇难人数还要多。联合国发表报告称此次恐怖袭击对美国造成的经济损失大约达两千亿美元。此次事件对全球经济所造成的损害甚至达到一万亿美元。

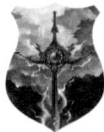

恐怖分子劫机撞击世贸大楼和五角大楼是极度令人毛骨悚然的事件，然而世界上还存在一种威胁，"来无影去无踪"，却远比上述恐怖袭击更为致命。2001 年 9 月 18 日，当大多数美国人还沉浸在遭受恐怖袭击的悲痛和恐惧中时，数封信件分别悄悄地寄送至美国广播公司、哥伦比亚广播公司等五家新闻媒体办公室和两名民主党参议员处。

人们毫无戒备地开启了这些来自新泽西州特伦顿的信件，不曾想打开的却是"潘多拉魔盒"。这些信件中含有恐怖分子故意放置的炭疽孢子（anthrax spore），最终造成 22 名收信人感染肺炭疽或皮肤炭疽，其中 5 人病发身亡。

炭疽病是一种在全球各地都有分布，由炭疽杆菌引起的急性传染病。一般情况下，炭疽是由于人体皮肤与带菌土壤或患病动物接触而传染。炭疽也可以通过空气传播，炭疽孢子可在空气中飘浮，通过人体呼吸进入肺部。感染者随着病情的加重，会发生严重的呼吸衰竭，病死率高达 85%。在冷战高峰期，美苏阵营以及世界多国共同签署了著名的《禁止生物武器公约》中，炭疽杆菌赫然在列。

对于美国人来说，"炭疽信"造成的恐慌绝不亚于"9•11事件"，甚至连美国国会也中断了正常运作。11 月 3 日，美国总统布什发表广播讲话，称不断出现的炭疽病例是美国继"9•11事件"之后受到的"第二轮恐怖袭击"。

在炭疽袭击发生 1 个月后的 10 月 26 日，美国颁布了赋予执法部门更大执法权的《爱国者法案》。自此，美国拉开了在全球展开全面反恐行动的序幕。

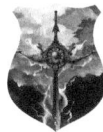

早在 1346 年，鞑靼人进攻克里米亚半岛卡法城时，进攻的军队中发生了鼠疫疾病，久攻不克的他们将鼠疫患者的尸体"扔"进了城市。最终，双方都遭受了巨大的损失，进攻的军队不得不撤退以躲避可怕的鼠疫。从卡法城撤退的人们，此刻还没有意识到他们将带来的一场空前大瘟疫，会在人类文明的历史上印下沉重的伤痕。

这场大瘟疫就是黑死病（black death），它一直持续到 1352 年才平息，几乎颠覆性地逆转了世界人口的自然增长趋势。直到 150 年以后，全球人口才得以恢复。

佛罗伦萨成为这一欧洲"黑色岁月"的暴发点，从卡法城撤退的士兵，乘坐船只返回到城市的港口时，黑死病已经在这些远征军团中感染传播。所有靠岸的船队乘员均被隔离 40 天，通过健康检查后才准许上岸。城市中也设立了防疫封锁线，严格限制下船人员的活动路线和范围，以阻止和防范瘟疫的传播。

尽管有着如此严密的措施，瘟疫逼近的脚步却似乎并未停止，因为携带着黑死病病菌的老鼠沿着船上的锁链，悄悄地将"死神"从港口引入城镇。黑死病开始向欧洲的腹地蔓延，卡法、热那亚、西西里、亚历山大等多个港口城市暴发瘟疫，然后抵达北非和伊比利亚半岛，并在欧洲中心地区肆掠，再扩张到不列颠群岛和北欧诸国，又从波兰等地区长途奔袭莫斯科，如同一条恐怖的"死神之鞭"，在欧洲划出一大片可怕的"黑色地带"。

整个欧洲笼罩在黑死病的阴影之中，欧洲人的平均寿命

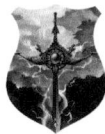

从 40 岁骤减到 20 岁，全欧洲 1/3 的人口，约 2 500 万人死亡。医生面对这种可怕的疾病也几乎束手无策，为了防止在治疗患者时被感染，他们通常戴着鸟头状的面具，面具上佩戴着一副保护眼镜，面具的鸟喙里装有香料或香水，并全身披覆着打蜡的皮质长袍，用以与黑死病患者隔离。然而，这一套"高级"装备依旧难以抵挡死亡的"魔咒"。

意大利医生弗兰卡斯特罗在《论传染物和传染病》一书中提出，瘟疫通过直接接触、间接接触和空气三种方式传播。由于科技水平的限制，这一观点在当时并不被多数人接受，直到 19 世纪微生物学家才发现了细菌致病的证据，确定鼠疫耶尔森菌（*Yersinia*）正是黑死病暴发的原因。

鼠疫耶尔森菌主要由鼠类或其他啮齿类动物中携带，可以通过老鼠、跳蚤等传播到人类身上。感染者开始会出现发烧和昏沉状态，皮肤出血后会留下黑色斑点，进而引发呼吸系统严重感染，最后导致大量出血而死亡。

时至今日，随着地球人口的增长和全球化进程的快速发展，鼠疫耶尔森菌在非洲、亚洲、美洲的一些区域成为地方性疾病，伴随着宿主的活动传播流行。然而，大规模自然暴发的疫情已经逐渐减少。人类的卫生条件和医学水平的提高，人口生活居住习惯的改变和基础设施的完善，以及科学技术的进步和普及，这一可怕的瘟疫似乎只是残存于曾经的记忆烟云。

随着时代的进步，人类又陆续发现了许多致病细菌，并在细菌实验中找到了抗生素。20 世纪上半叶，人们又发现

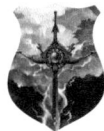

了比细菌更小的病毒，开启了对生命模式的一种全新认知。这些用肉眼无法看见的微生物，在自然界中以各种形式，在某个特定的时空与人类交织并进化，潜伏在某个不惹人注意的角落或者携带者群体中，一次次袭扰世界各地区人们的健康，掀起风暴般的瘟疫。

我们可能无法准确预知这些肉眼看不见的生物危险因子何时来袭，而在不知不觉中卷入恐怖袭击的漩涡。这个暗涌已然跨越了自然的边界，演化成为"9·11事件"中的"炭疽信"。

生物袭击后对环境所造成的污染和破坏在长时间内难以实现彻底消除。这种遭到污染的环境中存在着难以防范的潜在威胁，可能会变成生活禁区和疫源地，长远来看，将造成难以弥补的巨大损失。它的杀伤力非常可怕，甚至可以和"核威慑"相提并论；而且造价低廉、技术要求低，使得它成为潜在威胁的"终极刺客"。

诺贝尔奖获得者、美国分子生物学家乔舒亚·莱德伯格（Joshua Lederberg）曾这样形容：在人类主宰的这颗蓝色星球上，唯一的最大威胁就是病毒。

第二章

"地球村"之十面埋伏

重症急性呼吸综合征（severe acute respiratory syndrome，SARS），又称"非典"，是一种由 SARS 冠状病毒（SARS-CoV）引起的急性呼吸道传染病。该疾病在世界上首次暴发，便因导致医务人员在内的多名患者死亡，引发了社会恐慌和广泛关注。

2002 年 11 月 16 日，广东出现第一个 SARS 病人。次年 3 月 5 日，"非典"来到首都北京，将威胁带给越来越多的生命。除了广东和北京之外，香港也于 2003 年 2 月底发现了 SARS 患者。从 3 月 25 日起，香港淘大花园的居民接二连三出现 SARS 病症，仅 6 天后，就已经有 213 名淘大花园居民被证实或因疑似感染 SARS 而住进医院。一时间，淘大花园让所有香港居民避之不及。

3 月 15 日上午，在一架新加坡航班上有一名医生疑似感染 SARS 冠状病毒。当飞机在德国法兰克福着陆后，他被立即送进医院，世界卫生组织也向全球发布了旅行警报。4 月 4 日，美国总统布什签发 13295 号总统行政命令，将 SARS 列入可违背当事人意愿进行隔离的疾病名单。

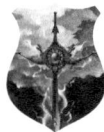

4月10日，美国疾病控制与预防中心（CDC）与世界卫生组织的联合研究小组，以及德国Bernhard Nocht研究所（BNI）的两个研究小组，各自从SARS患者中分离出新的冠状病毒，并且通过分析遗传基因的一致性，证实了病原是同一种病毒。随后，荷兰的研究小组用这种冠状病毒成功感染了短尾猿，并从短尾猿体内分离到该冠状病毒，进一步证实了新型SARS冠状病毒就是引起这次全球疫情的病原体。

突如其来的瘟疫让无数人产生了恐慌心理，有的人从疫区逃离了（这加速了病毒的传播），有的人开始疯狂采购日常生活用品，尤其是与预防呼吸道传染病有关的物品，白醋、板蓝根的身价陡然上涨，消毒剂等有关物品都销售告罄。

4月13日，中国决定将SARS列入《中华人民共和国传染病防治法》法定传染病进行管理；4月20日，卫生部宣布实行SARS"疫情一日一报制"；4月24日，北京出现日用品抢购风潮。街上越来越多的人戴上了口罩，商场、车站等昔日喧嚣繁华的场所瞬间变得冷清了，房间、楼道中弥漫着浓浓的消毒水味。

总之，这个世界仿佛在一夜之间寂静了下来。

SARS冠状病毒继续以惊人的速度向一切可能的地方蔓延：澳大利亚、加拿大、美国……

世界卫生组织在2003年4月16日正式宣布：SARS的致病原是种新型冠状病毒。6月15日，中国内地确诊病例、疑似病例、既往疑似转确诊病例数均为零。截至2003年

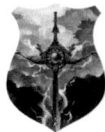

8 月 7 日，全球累计"非典"病例共 8 422 例，涉及 32 个国家和地区，因"非典"死亡人数 919 人，病死率近 11%。

SARS 冠状病毒是冠状病毒的一种类型，之前从未在人类身上被发现。它能够引起人体严重急性呼吸综合征，临床症状以发热为主并持续 1～2 周，伴有全身乏力和头痛、肌肉酸痛等症状，严重时会频繁咳嗽和呼吸困难。

病毒侵入人体之后，会破坏器官正常的细胞和组织。此时，SARS 患者体内为对抗病毒会发生强烈的机体应激反应，对肺部组织造成损坏。这一过程严重影响正常人体呼吸功能，还会引发休克、出血等并发症，如果不及时治疗会导致患者死亡。

"非典"所带来的危害是多方面的。在广东等疫情严重的区域，消毒水的刺鼻味道弥散在街道上，人们几乎全戴上了白色的口罩，匆匆行走间流露出不安的眼神，学校停课、交通管制、公共活动取消，路上一旦有人打个喷嚏，就会引起周围人群的警觉。

救护车的鸣笛声挑战着大家脆弱的神经，医院里"全副武装"的医护人员，小心翼翼地仔细排查着疑似病例。人们之间不再敢轻易接触，甚至不敢打招呼，恐惧的心理随着病毒在空气中蔓延着。中国在这次"非典"疫情中的经济损失高达 2 000 多亿元，全球经济遭受的损失近 300 亿美元。

自 2003 年 2 月 21 日晚一位"非典"患者入住淘大花园到次日病发送入医院为止，不到 24 小时，就至少有 16 名居

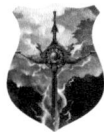

民被感染。可见 SARS 冠状病毒的传播速度非常之迅速。

SARS 冠状病毒从哪里来？野生动物进入了人们的视野，果子狸成为重点怀疑对象，因为这些与人类接触的动物中也发生了疾病。科学家们在全国 1 420 余个采样点留下了足迹，在河南、湖北、广东、广西、云南等地采集动物样本。

2005 年，中国科学院石正丽研究团队发现，蝙蝠是 SARS 样冠状病毒自然宿主。2013 年，科研人员分离到一株与 SARS 冠状病毒高度同源的冠状病毒，又进一步证实了中华菊头蝠是 SARS 冠状病毒的源头，为人类了解并防范这一致命病毒做出重要贡献。

随后，研究团队在中国云南发现了一处蝙蝠 SARS 样冠状病毒的天然基因库，SARS 冠状病毒的全部基因组组分都可以在这个 SARS 样冠状病毒的天然基因库中找到。蝙蝠 SARS 样冠状病毒的祖先株之间可通过一系列的重组，产生 SARS 冠状病毒的直接祖先。这一研究成果发现，蝙蝠携带有不同株的 SARS 样冠状病毒，具有跨种传播至人群可能性，揭示了 SARS 冠状病毒可能的重组起源，为疾病的预防控制提供科学依据。

2016 年 10 月，广东当地猪场暴发仔猪致死性疾病，发病仔猪表现为严重急性腹泻综合征，5 日龄以下仔猪病死率高达 90%。截至 2017 年 5 月，共造成 2 万余头仔猪死亡。科学家们确定了这种疾病病原是一种蝙蝠来源的新型冠状病毒——猪急性腹泻综合征冠状病毒（swine acute diarrhea syndrome coronavirus，SADS-CoV），并推断是在猪场附近活

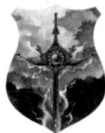

动的蝙蝠通过粪便传播了该病毒。

猪急性腹泻综合征冠状病毒的发现与溯源研究显示，蝙蝠自然宿主所携带的冠状病毒可跨种传播至家畜，进而引起造成严重的畜禽类传染性疾病。

在自然界中，由病毒感染引起的人类疾病中 60% 以上来自动物，SARS 的肆虐让大家认识到病毒变异后跨种传播的威胁，在人类与病毒没有硝烟的微战争中，我们需要科学的理念：保护野生动物，创建健康生态。

第三章
"末日武器"风波突起

2015 年上映的一部军事题材影片《战狼》中，讲述了商业间谍窃取了我国人口的血液样本，国际生物制药公司妄图通过样本所携带的基因数据制造出只在中国人之间传染的病毒性疾病。虽然这只是电影中的情节，但目前"基因武器"的风险正悄然逼近。

1979 年 4 月，苏联位于斯维尔德洛夫斯克西南郊的一处生物基地发生爆炸，导致大量炭疽杆菌气溶胶外溢，致使炭疽病在该市普遍流行，造成 1 000 多人死亡，影响和危害持续了将近 10 年。

来自美军的一份测算显示，如果华盛顿落下一枚带有炭疽菌弹头的导弹，将造成至少 10 万人死亡。据称，利用不同病毒可合成一种具有剧毒的"热毒素"基因毒剂，万分之一毫克的剂量就能毒死 100 只猫，20 克就足以使 60 亿地球人死于非命。致命病毒若被研制成基因武器，将不费吹灰之力地摧毁整个人类社会。

基因武器被科学家称为"末日武器"，生产核武器必须

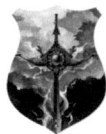

依赖于大型设备，而生物武器的研制仅在一间狭窄的实验室里即可完成。不幸的是，人们难以掌控遍布全球的、所有的实验室。基因武器不但成本低下，还拥有大量可资利用的物质资源。根据一份统计资料的数据显示，花费五千万美元建立的一个基因武器库，其具有的杀伤力大大超过用五十亿美元建立的核武器库。

除了卡法城发生的投掷"人体战剂"，随着现代科学技术的发展，生物战剂的研制已经具备了理论和条件基础，自然进化的规律可以被改变，尤其对于生命形式相对简单的病毒等微生物。炭疽杆菌、耶尔森菌等高致病性病原，自身已经具有很强的感染性和致病致死毒性，如果其危害性被强化或扩大，那将会是非常严重的生物安全威胁。

有资料显示，美国已成功地将响尾蛇的蛇毒基因转移到普通的呼吸传播病毒之中。这样能够产生蛇毒蛋白的病毒，就可以通过空气进行传播，如同在无形中隐藏着可怕的毒蛇一般。一旦被这种病毒感染，就如同暴露在响尾蛇毒之中，会造成神经麻痹和呼吸功能障碍。这将是一种非常致命的终极武器。

还有一些本来对人类无害或者共生的微生物，比如大肠杆菌等，几乎在人体内伴随着我们的一生。有资料显示，通过将高致病性炭疽杆菌的致病基因，转入与人类关系密切的细菌群体中，不仅仅使其具备了高度的致病性，而且随着细菌的广泛存在和快速繁殖，可让人防不胜防。

随着基因操作的精准性和效率不断提升，更为程序化和

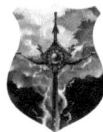

可控化的生物技术，为新一代生物制剂的研发创造了条件。

无论是人类还是地球上的其他物种，生物遗传信息都不可能完全一致。在物种之间或者是种群之内，通过对基因组的分析和对比，就可以发现其中的区别和不同之处。针对这种个体或群体的特殊基因，可选择性地设计和发展生物制剂实施攻击，再通过生物或环境中的生物信号来启动控制。这如同远程"植入"的黑客病毒一般，只不过"瘫痪"的将不再是计算机或通信设备，而是真实的生物物种。

这类制剂的攻击对象，可以是人类或其他动物，也可以是植物甚至微生物。如果在设计时还能兼顾隐蔽性，即使被攻击对象已经感染或遭到攻击，因疾病症状和生理表现上与普通的自然感染相似，而难以察觉或检测到。甚至还可以让制剂长期寄宿或感染在体内，只有当感受到另一个启发的信号才被激活，开始攻击感染对象，使其丧失机能或者遭到破坏杀伤。

从另外一个角度，还有一类生物制剂的设计，将焦点从外因瞄准至内因。在我们生活的这个地球上，与人类共生共存的生物不计其数，除了能让我们感到明显致病性的微生物，还有非常庞大的致病因子存在。之所以它们没有给我们留下深刻的印象，是因为人体的健康防御功能在无形中抵挡和消灭了大多数的致病因子，维持运转着正常的生理功能。

这类针对内因的生物制剂隐蔽性更高，它找出维持正常生理功能的薄弱环节，选择破坏或减弱这一特定功能的"位置"突破生物常规的保护机制。这种生物制剂的潜伏性和危

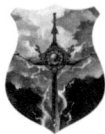

害性将更加难以估量。

在这之外，人类的生存环境也是生物武器的潜在攻击目标。以粮食作物为例，爱尔兰曾经在全境大规模种植马铃薯，1845～1850 年间，一次由病疫霉菌引起的马铃薯病造成失收，直接导致了爱尔兰人口锐减四分之一，一百万爱尔兰人背井离乡被迫移民。致病菌和致病病毒会严重影响动植物的生长和成熟，如果这一类病原被人工改造后，袭击作为人类重要能量来源的粮食作物，或者是养殖畜牧业的家禽动物等，也将会造成非常严重的可怕后果。

一战中的敌对双方就在欧洲大陆上演过生物武器战。德军曾秘密潜入英法联军运输骡马集中的地区，在动物饲料中悄悄地散放马鼻疽杆菌。这次袭击获得了成功，数千匹骡马因感染细菌而死亡，英法联军后方物资供应受到打击，可谓现代版"偷袭粮草"的劫营惊魂。英法联军随后也曾还以了颜色。

正因为生物武器有对人类极具威胁的破坏力，1899 年签订的《海牙公约》和 1925 年签订的《日内瓦议定书》中均明确规定禁止生物武器。然而，在二战后的冷战时期，随着军备竞赛全方位展开，生物制剂和生物武器不断升级，又一次将人类推向了毁灭的边缘。因此，核武器和生物武器成为裁军谈判的重要议题。

1975 年，美、苏、英等国签署了《禁止细菌（生物）及毒素武器的发展、生产及储存以及销毁这类武器的公约》（即《禁止生物武器公约》）。中国于 1984 年加入该公约。截至

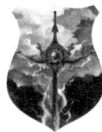

2017 年，共有 179 个国家正式加入该公约，使其在全球范围内发挥了重要作用。

以高致病性病原为主要生物制剂的生物武器，一旦挣脱了束缚的锁链，在任何战场被使用，其对人类造成的损失都将是难以预估的。这种负面效应不仅会停留在作战区域，更有可能会被带到非作战区域，并且还会因为其感染性的持续存在，对人类健康和环境生态产生长期不利影响。

目前，全球共发表了多种微生物的基因组全序列，而用于发表每组基因的费用仅为 300 美元。生物技术滥用会造成非常严重的后果，有可能对人类社会造成毁灭性打击。

美国科幻影片《侏罗纪世界》讲述了国际基因科技公司为了吸引游客，滥用病毒载体等转基因技术，结合了霸王龙、迅猛龙、蜥蜴、蛇、变色龙等生物的 DNA 打造出更高智商和更嗜血的"暴虐霸王龙"。

这只史无前例的"混血儿"不仅有着强于霸王龙的高大体型，迅猛龙的速度，树蛙般掩饰自己的能力，更有着高度的智慧！从"暴虐霸王龙"设计逃出恐龙馆之后，它就一路嗜血残杀，酿成巨大灾难。如果缺乏对生物技术进行有效监督和控制，"暴虐霸王龙"残杀人类将不再是科幻电影，而是未来战场上活生生的现实。

第四章
埃博拉河畔的灾难

1976 年 8 月，在非洲国家扎伊尔（现刚果民主共和国）埃博拉河旁一个叫扬布库（Yambuku）的美丽小镇，当地一所学校的校长马巴罗·洛克拉（Mabalo Lokela）因发高烧前往医院治疗，被医生诊断为疟疾。由于非洲当地的医疗水平和设施相对落后，医院一共只有 5 支注射器，他被护士用一支公用针头注射了抗疟疾药物。

9 月初，洛克拉因高烧、顽固性腹泻和出血而去世。然而，令人意想不到的是，不久医院里聚集了大量与洛克拉有相似症状的人。这一骇人的传染病在很短的一段时间内便导致沿河 55 个村庄的 280 人丧命，病死率高达 88%。死者中超过一半为该医院的工作人员，还有来自生活在周边的 60 个家庭中的 39 人。

疫情发生后第一位赶到扬布库的医生姆戈伊·穆肖拉（Mgoi Mushola），初次记载了这种新型疾病的临床表现：这种疾病传染迅速，置人于死地。它使患者高烧至 39 摄氏度左右，很多部位大量出血，严重腹泻、脱水，皮肤干薄如纸，眼眶下陷……一切治疗方法都难以奏效，

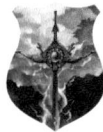

三天内迅速死去……

然而，灾难远远没有结束。在短短两个月的时间里，疫情在扎伊尔的若干村庄迅速扩散，其邻国苏丹和埃塞俄比亚亦未能幸免。据统计，当时苏丹的发病人数为 284 人，死亡人数为 151 人，病死率达 53%。

这一暴发在现代社会的神秘传染病引起了世界卫生组织的关注。该组织迅速委派两名医生到扎伊尔开展调查，并协助寻找治疗该烈性传染病的途径。这两名医生是病毒学家约瑟夫·麦考密克（Joseph McCormick）和苏珊·费希尔·霍克（Susan Fisher Hoch）。

病毒学家到达扬布库后，首要任务是阻止疫情的进一步扩散。通过调查，他们发现一种前所未见的病毒才是导致灾难的"元凶"，而公用注射针头导致了病毒的传播。

随后，人们发现参加过感染者葬礼的人也会受到病毒侵袭。因此，不采取任何保护措施而直接与死者接触是相当危险的。

1976 年暴发的这场疫情持续了三个月，共导致 602 人感染，431 人死亡，病死率高达 71.6%。研究者们以扬布库旁的河流埃博拉为名，将这种病毒称为埃博拉病毒（Ebola virus）。

第五章
显微镜下的"毒蛇"

埃博拉病毒是一种可怕的病毒。在许多叙述恐怖病毒大流行的文学作品中，作者都偏向于以该病毒为题材，想必是由于埃博拉病毒所具有的超高致死率，以及它那令人生畏的形态。

一般的动物病毒为圆球形，然而在电子显微镜下，埃博拉病毒却呈现出有所不同的纤丝状。这些"纤丝"或弯曲或缠绕，形如毒蛇一般。

科学家们进一步发现，非洲的扎伊尔和苏丹几乎同时分别暴发该病毒疫情，并根据疫情暴发地点将病毒称为不同亚型，即扎伊尔型埃博拉病毒（Zaire Ebola virus, ZEBOV）和苏丹型埃博拉病毒（Sudan Ebola virus, SEBOV）。

后来，科学家又先后分离出其他三种埃博拉病毒亚型，分别命名为雷斯顿型埃博拉病毒（Reston Ebola virus, RESTV）、塔伊森林型埃博拉病毒（Taï Forest Ebola virus, TAFV）和本迪布焦型埃博拉病毒（Bundibugyo Ebola virus, BDBV）。其中，雷斯顿型埃博拉病毒，是在位于

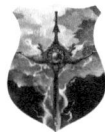

美国弗吉尼亚州的一座名为雷斯顿的小城里的灵长类动物检疫隔离中心分离到的。

美国记者理查德·普雷斯顿（Richard Preston）在《高危地带》一书中写道："当万物湮灭，整个世界生机不再，唯一仅存的将是雷斯顿灵长类动物检疫隔离中心大楼。"

1989 年 10 月，一批由菲律宾运来的食蟹猴到了雷斯顿的灵长类动物检疫隔离中心。刚刚到达检疫隔离中心的笼子中就有几只猴子死亡。在之后的一段时间里，整栋大楼里有很多猴子出现了发热和精神不振等症状，并且接二连三地死去。随后的检测结果着实让美国人吓了一大跳，这些猴子感染的正是埃博拉病毒。

这种埃博拉病毒以雷斯顿命名，科学家发现它是唯一一种能够通过空气传播的埃博拉病毒亚型。研究显示，雷斯顿型埃博拉病毒仅限于感染人类以外的灵长类动物。然而，其他 4 种亚型都可以感染人类，最致命的是扎伊尔型，感染后的病死率高达 90%。

2012 年，中国科学院研究人员在对中国地区的 843 只蝙蝠进行检测时，发现其中有 32 只具有携带雷斯顿型埃博拉病毒的踪迹，这是首次在中国境内发现埃博拉病毒动物感染的案例。

埃博拉病毒可引起人类埃博拉出血热，该疾病具有急性出血性、发病快、病死率高等特点。此外，该病毒感染的潜伏期一般为 2~10 天。在病毒感染早期，患者会出现发热、

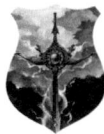

肌肉疼痛、头痛、咽喉痛等症状，之后会出现呕吐、腹泻、皮疹、肾脏和肝脏功能受损，有时会出现内外出血。

埃博拉病毒在透过黏膜或表皮伤口进入人体后，会立刻瞄准并感染人体健康细胞，悄无声息地侵入细胞内部，从而关闭它们的"安全警报系统"。随着身体门户大开，病毒便开始疯狂地自我复制，快速增长并感染很多器官，最终导致细胞死亡、组织坏死。死亡的细胞将它们所有的内容物释放到血液中。所有这些信号最终导致细胞"因子风暴"并引发炎症，令身体出现肿胀、发热以及疼痛症状，进而损伤人体器官，以致引发患者死亡。

埃博拉出血热主要以地方性流行的趋势发展，出现于中非热带雨林和东南非洲热带大草原。然而，其已从最先的苏丹、刚果民主共和国等地扩散至刚果共和国、中非共和国、利比里亚以及南非等地。

非洲以外地区，如美国、英国和瑞士等也不时有该病毒感染病例的报道，但都是输入性或实验室意外造成的感染，并未发生埃博拉出血热流行。

1976 ~ 2013 年，世界卫生组织共报道了 1 716 例埃博拉病毒感染确诊病例。2014 年在西非发生的埃博拉疫情，是自发现埃博拉病毒以来最大且最复杂的一次，出现的病例和死亡人数超过了之前所有其他埃博拉疫情的总和。

2014 年 10 月，世界卫生组织在华盛顿联合国基金会上表示，埃博拉病毒被发现已近 40 年，最近一次疫情是最严

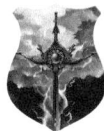

重和最复杂的，埃博拉疫苗将有望提供给饱受埃博拉疫情困扰的西非地区的人们。

据统计，截至 2015 年 3 月 10 日，埃博拉疫情已夺走约 14 000 人的生命，确诊、可能与疑似病例则高达 24 350 人。由于疫区医疗卫生系统相对落后，仍有很大一部分的病例未能得到记录。

第六章
来自"猩猩"的你

埃博拉"从哪里来，到哪里去？"

目前，在黑猩猩、猴子等灵长类动物以及蝙蝠的体内，科学家们发现了埃博拉病毒的踪迹，推断出蝙蝠为自然条件下该病毒的宿主，并掌握了病毒的"基因密码"。

埃博拉病毒一般通过直接接触途径在动物与动物之间、动物与人之间或在人与人之间传播。人类一般是通过与埃博拉病毒感染者的血液、分泌物、器官或其他体液接触，或与此类体液污染的环境接触而遭受感染。

在非洲一些古老的下葬仪式上，倘若哀悼者与感染埃博拉病毒的死者尸体产生直接接触，在很大程度上可能会导致这一病毒的传播。然而，埃博拉病毒的神秘面纱仍未全然揭开。

埃博拉病毒之所以如此神秘，很大一部分原因在于它所引发的疫情难有规律可循。这可能是因为埃博拉病毒的自然宿主蝙蝠能到处飞行，而且该病毒的传播不像流感

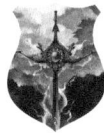

病毒那样与季节相关性大。

此外，在非洲居民众多的当地习俗中，捕猎黑猩猩、猴子和蝙蝠等野生动物以充当食物也为该病毒传播的原因之一。然而值得注意的是，非洲居民每日都会进行捕猎，但病毒疫情并没有陆续暴发。

1976 年首次暴发后，1977 年和 1979 年埃博拉疫情均有不同程度的暴发。但这之后，直到 1995 年扎伊尔型埃博拉病毒才再次袭来，并在刚果民主共和国造成 254 人死亡。没人能够回答为何埃博拉病毒给了人类长达 15 年的喘息期。

埃博拉病毒极少扩散至非洲以外的地区。但是，随着全球化进程不断加快，它的威胁会变得越来越严峻。埃博拉病毒的潜伏期为 2 ~ 21 天，这意味着一个遭受埃博拉病毒感染的患者可能三个星期都不出现发病症状，而病毒在人体内增殖到一定水平后便会具有传染性。如果一个并不知道自己已被病毒感染的人，搭乘十几个小时的飞机到达世界的另一边，就会有将病毒扩散出去的可能性。

2014 年 7 月，一名 40 岁的利比里亚裔美国律师帕特里克·索耶（Patrick Sawyer）将埃博拉病毒从利比里亚带到了尼日利亚。刚到达尼日利亚，他便出现了发烧和呕吐症状，被直接自机场送至医院接受治疗。

该男子是自西非暴发埃博拉病毒疫情以来于尼日利亚发现的第一个感染病例。倘若这名患者推迟几天发病，他极有可能已周游了整个尼日利亚。尼日利亚是非洲人口最多的

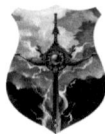

国家，如果疫情在该国扩散，后果必将十分严重。

美国境内的首个埃博拉病毒感染病例也为上述推断提供了佐证。2014 年 9 月 19 日，45 岁的美国人托马斯·埃里克·邓肯（Thomas Eric Duncan）自利比里亚启程，于第 2 天抵达美国。他在第 5 天开始出现症状，直到第 9 天病情恶化后才住院，最终在 20 天后不治身亡。负责照顾他的护士尼娜·彭（Nina Pham）和安伯·文森（Amber Vinson）随后出现了发烧症状，也感染了埃博拉病毒。

亚洲至今还未发现埃博拉病毒感染病例。然而，频繁的人员交流和密切的贸易往来，正使得风险不断上升。此外，亚洲是大量客籍劳工的中转或输出地，这无疑也带来了潜在风险。

第七章
正义的反击

正如最早一批赴非开展埃博拉病毒追踪的美国科学家之一，约瑟夫·麦考密克所言："也许在病毒的世界里，我们才是入侵者。"但既然战争已经开始，人类为了拯救自我，将义无反顾地投入战斗。

2014 年 3 月，在西非突然暴发的埃博拉出血热疫情快速蔓延，塞拉利昂、利比里亚、几内亚等国家的疫情非常严峻。4 月，中国国家领导人在西非疫情暴发后第一时间对外宣布援助举措。中国第一个向西非提供埃博拉疫情专项援助，第一个用专机运送医疗防护物资抵达疫区。

8 月，世界卫生组织宣布，西非埃博拉出血热疫情为国际关注的突发公共卫生事件，建议疫情发生国家宣布进入紧急状态，并严格落实疾病防控的措施。

中国第一个向疫区派出援助医疗队。9 月，中国派出的援助医疗队共 59 人抵达塞拉利昂。11 月，中国又派遣医疗援助队伍奔赴利比里亚，160 名医疗队员迅速反应展开救援，并很快在当地援建了拥有 100 张床位的埃博拉出

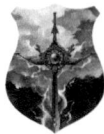

血热医疗救治设施。

由中国人民解放军第302医院独立抽组的首批援助塞拉利昂医疗队紧急出发。这支国际医疗援助队伍仅用 2 小时完成人员抽组，72 小时完成方案制订和人员培训，并即刻投入与埃博拉疫情的战斗之中。

此时，正是埃博拉出血热暴发的高峰期。在开展医疗救助的过程中，抢救生命更是在争分夺秒，从检测诊断、讨论分析病情，到研究治疗方案、实施隔离安全等，每一个救治的细节都需要严密的保护措施与合理的医学判断。每一个病例的治疗情况都牵动着患者救治和疫情防控的总体态势。援助医疗队成员每天工作时间都超过 14 小时，同时还为当地培训专业医护人员，充分地联合展开医疗救援和自救，巩固和提高了疫情控制的能力和成效。

烈性病毒传染性疾病的救治，在遵循疾病医学治疗的原则之外，还必须有效地防护医护人员，以防控疾病的感染和传播。西非埃博拉疫区有世界各个国家和组织的医疗救援组织，人员的交流合作和流动性非常大。为此，我国救援医疗队专门制订了 68 类规范标准和管理办法，涵盖了 200 多条各种制度流程和操作方案。

严格的治疗标准是为了健康保障，也是关乎医疗救援成功与否的基本要求。所有救护人员的装备的穿戴、仪器设备的使用、医学消毒的处置，每一道安全检查都必须规范。这不仅仅体现了救助患者的奉献，更是对国际医疗救援的负责任。其中，首批援助塞拉利昂医疗队，每一次进出病区，穿

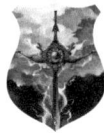

戴防护服共有 36 道严格的程序。

一流的救治需要一流的诊断，在世界卫生组织开展的两次检测考核中，中国援助塞拉利昂医疗队的准确率都是100%，位于国际实验室准确率和有效率前列。不仅如此，在日均救治病人数量、患者治愈比例等方面，中国援助医疗队均展现出了中国国际医疗援助的高标准和高水平。

自本世纪初暴发"非典"之后，中国对病毒性传染病的控制和预防，不仅仅在国内实现了能力提升和完善，在国际援助中也赢得了广泛赞誉。在塞拉利昂和利比里亚，中国援助医疗队为当地培训了 3 000 多名专业的医护人员。

2015 年 1 月，中国首批援助利比里亚医疗队启程回国。这支团队在埃博拉疫情中表现出色，世界卫生组织统计他们的总治愈率约为 40%，中国援助医疗队的住院治愈率超过80%。3 月，第二批援助利比里亚医疗队和第三批援助塞拉利昂医疗队相继启程回国。

据统计，扑灭埃博拉疫情期间，中国先后向西非地区提供约 7.5 亿元人民币援助，派出医疗援助人员近 1 000 人，救治患者近 900 例，总检测病毒标本约 5 000 份，完成公共卫生培训超过 13 000 人次。

在临别之际，当地获得救治和接受援助的人民纷纷前来，洋溢在脸上的是感激和真挚的微笑。埃博拉出血热康复者赛杜在感谢信中写道："我代表埃博拉康复者，感谢上帝为我们创造了在这里相聚的美好时刻。中国医疗队的专家拯

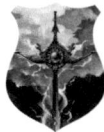

救了我们的同胞，我们从心底感谢你们……"

善战何须硝烟里，无声沙场亦英雄。自 2014 年 9 月起，仅解放军便派出 6 批援非抗击埃博拉医疗队，他们牢记"打胜仗、零感染"指示要求，发扬"不畏艰苦、甘于奉献、救死扶伤、大爱无疆"的援外医疗队精神，在异国他乡与死神对垒的前沿阵地上，不辱使命，不负重托，为当地民众送去了爱的温暖、点燃生的希望。

这一场在遥远的大洋彼岸古老土地上发生的对埃博拉病毒的反击战中，一批批精益求精的医疗援助队伍远渡重洋，以救死扶伤的国际主义精神，从东方带来了抗击疾病和维护和平的希望，在非洲大陆上践行着祖国赋予的使命，把科学和健康带给了受援助的非洲人民。

第八章

危情庄园

"保护伞"（Umbrella）公司的生物工程实验室——"蜂巢"（Hive）里，一名保安试图盗窃 T 病毒（tyrant-virus）出售。他偷走病毒时不慎丢下一管，泄漏在地上，导致整个研究所的人员暴露在 T 病毒感染威胁之中。感染的人虽然不会死亡，但是却产生可怕的病变，变成嗜血成性、见人就咬的僵尸，被咬过的人会感染这种病毒，也变成嗜血僵尸。

昔日车水马龙的繁荣城市生灵涂炭，到处都是咬人、杀人的僵尸。通信中断、交通瘫痪、商店无人营业，事态已失去控制。为了杜绝病毒在全美、全世界暴发，浣熊市被从美国版图中抹去，10 万人在此役中死亡。

这一虚构的故事来自电影《生化危机》。

2014 年，英国的科学家就预测，全世界在未来 5 年里正面临新疫潮来袭的威胁，该疫潮来源于人类和其他动物的"共通病"，或出现影响人类生存的"末日病毒"。

在人类发展的文明史中，我们不断受到传染病的侵扰。

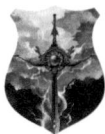

就某种程度而言，一部人类发展的文明史，也是一部人类与传染病的战争史。

烈性病毒可引发传染病，如"非典"、高致病流感、狂犬病、埃博拉出血热等。病毒侵入宿主后短时间内即开始增殖并引起宿主细胞死亡。在未采取防治措施的情况下，烈性病毒所引发的传染病传播速度快、流行范围广、发病率和病死率高。

烈性病毒所引发的传染病是威胁人类生命的最可怕、最不可控制的灾难之一，给人类社会带来过严重影响，甚至多次导致世界格局的改变。如 1918 年暴发的西班牙型流行性感冒，是人类有史以来所遭遇的最致命的传染病，1918～1919 年间曾引发全球约 10 亿人遭受感染，据统计有 2 500 万～4 000 万人因病死亡，估测的实际死亡人口超过 1 亿，而当时全球人口仅约 17 亿。

2004 年 2 月 13 日，英国《焦点》月刊发表文章《病毒：看不见的敌人》。科学家在文章里总结和披露了 6 种最可怕的病毒，其中埃博拉病毒名列首位。

我国的《病原微生物实验室生物安全管理条例》，根据病原感染性以及危害程度，把病原微生物分为四类：

第一类病原微生物，是指能够引起人类或者动物非常严重疾病的微生物，以及我国尚未发现或者已经宣布消灭的微生物。

第二类病原微生物，是指能够引起人类或者动物严重疾病，比较容易直接或者间接在人与人、动物与人、动物与动

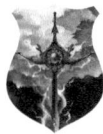

物间传播的微生物。

第三类病原微生物，是指能够引起人类或者动物疾病，但一般情况下对人、动物或者环境不构成严重危害，传播风险有限，实验室感染后很少引起严重疾病，并且具备有效治疗和预防措施的微生物。

第四类病原微生物，是指在通常情况下不会引起人类或者动物疾病的微生物。

按此分类，病原微生物的危险程度从第一类到第四类逐渐减弱。国外一般按危险程度逐渐加强，将病原微生物分为四级，比如天花病毒、埃博拉病毒、马尔堡病毒、拉沙热病毒、克里米亚–刚果出血热病毒等第一类病毒是四级病毒，高致病性流感病毒、SARS 冠状病毒、人类免疫缺陷病毒、狂犬病病毒等第二类病毒是三级病毒。

第一类和第二类病毒属于高致病性病毒，也就是危害程度较大的病毒；其他腺病毒、肠道病毒、轮状病毒等属于第三类病毒（二级病毒），豚鼠疱疹病毒等属于第四类病毒（一级病毒），危害程度相对较小。

在保证安全的前提下，对临床和现场的未知样本检测操作可在生物安全二级或以上防护级别的实验室进行，涉及病毒分离培养的操作，应加强个体防护和环境保护。要密切注意流行病学动态和临床表现，判断是否存在高致病性病原体。若判定为疑似高致病性病原体，应在相应生物安全级别的实验室开展工作。

以上所指的生物安全实验室，就是指通过防护屏障和管

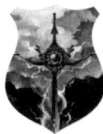

理措施，能够避免或控制生物危险因子，达到生物安全要求的实验室。生物危险因子主要来自于微生物气溶胶的吸入、人体刺伤割伤、口腔皮肤黏膜污染、感染实验动物咬伤，以及其他不明原因的相关感染等。

国家标准 GB 19489—2008《实验室 生物安全通用要求》根据对所操作生物危险因子采取防护措施，将实验室生物安全防护水平分为四级，即生物安全一级实验室（P1）、生物安全二级实验室（P2）、生物安全三级实验室（P3）和生物安全四级实验室（P4）。

不同危险等级的微生物实验必须在对应防护级别的生物安全实验室中开展。也就是说，第一类病原微生物对应生物安全四级实验室，第四类病原微生物则对应生物安全一级实验室。

未知的、危险的致病因子，通常无预防和治疗的方法，病原诊断、疫苗研制和药物筛选以及生物防范等相关研究，必须在最高防护等级的生物安全四级实验室中进行。

目前，全球已经建成及建设中的生物安全四级实验室共有 59 个，分布遍及五大洲。美国拥有 12 个 P4 实验室，法国、德国、英国、澳大利亚、加拿大等也建有 P4 实验室。中国已建成中国科学院武汉国家生物安全实验室，正在建设国家动物疫病防控高级别实验室、国家昆明高等级生物安全灵长类动物实验中心。

2018 年 3 月，世界卫生组织发布新的疾病名单通告中，

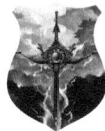

数得出名字的有克里米亚-刚果出血热、埃博拉与马尔堡出血热、拉沙热、尼帕、SARS 和 MERS、裂谷热、寨卡等疾病。这些都是已知的曾经对人类造成威胁的传染病，名单中同时还出现了一种名为"X 疾病"（disease X）的未知疾病。

X 疾病代表一种未知病原体造成的严重流行病，它有机会在任何时间、由多种来源触发，包括意外泄漏和恐袭，或能夺去数百万人性命。

这听起来很玄，却并不难理解。因为，一方面人类对大自然中现有病原微生物的认识有限，有些病原微生物已经存在，只是还未被我们发现而已。另一方面，生物无时无刻不处于进化之中，病原可能通过进化发展成为新的威胁。

已有的科学和医疗储备并不一定能够应对这些潜在的危险因子，尤其是未知的高致病性病原微生物可能具有致命性、高度危险性，容易感染和传播，而现有的疫苗和药物可能对其无效。这些病原微生物引起的疾病一旦出现并暴发，又将是一场没有硝烟的疫战。

而在这之前，我们要先来了解一下已知的可怕敌人，位列第一类病原微生物的烈性病毒 —— 马尔堡病毒、拉沙热病毒、克里米亚-刚果出血热病毒。它们可以与埃博拉病毒齐名，称为令人胆寒的"恐怖四大魔王"。

第九章
偷袭马尔堡

德国的马尔堡（Marburg）是一座位于法兰克福北方的小镇。1967 年 8 月，马尔堡一个实验室里的工作人员忽然出现发烧、腹泻、呕吐、大出血、休克和循环系统衰竭等症状，打破了小镇的宁静。当地的病毒学家迅速开始找寻原因。

值得注意的是，该症状也在德国法兰克福和南斯拉夫贝尔格莱德的另两个实验室工作人员中出现，共计有 37 人感染，其中有 7 人死亡。这三个实验室都曾使用过来源于乌干达的猴子以开展脊髓灰质炎疫苗等研究。

三个月之后，德国专家发现病因是一种外形如蛇状，由猴子传染给人类的新病毒。这就是与埃博拉病毒同属一个家族的马尔堡病毒（Marburg virus）。这两种病毒引发的疾病在临床上较为相似，它们都属于罕见病，而且都会导致病死率极高的重大疫情。马尔堡病毒如一阵阴云，突然到来又突然消失，直到 1975 年在南非再次出现。

1975 年，一名男子在南非约翰内斯堡紧急住院。早前，他曾与女友在津巴布韦旅行，并且常常在户外居住。这名男

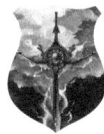

子在入院之后的第四天死亡，并证实为马尔堡病毒感染所导致。于是他入院前所接触过的人员都被紧急隔离，并迅速采取了感染治疗和管控措施。病毒也感染了他的女友以及一名照顾他们的医护人员，在进行了专业的支持性治疗后，两人最终痊愈。

1980 年 1 月，一名法国人在肯尼亚突然出现了发烧急症，并伴随有头痛和腹泻呕吐等症状。这名患者也曾在游览国家公园洞穴等地区时露营过。医护人员紧急开展治疗，但他最终还是因救治无效而死亡，并被确诊为马尔堡病毒感染所致。

1987 年 1 月，一名 15 岁的丹麦男孩因连续三天疼痛发烧和呕吐紧急入院治疗，他被确诊感染了马尔堡病毒。尽管医护人员全力以赴救治，仍然没能挽回男孩的生命。这名男孩病发前已入境肯尼亚一个月，他也曾去过那个法国人露营过的同一个国家公园。

马尔堡病毒的又一次袭击，发生在 20 世纪的最后 3 年，它在刚果民主共和国，无情地掠走了 123 人的性命。这一次的马尔堡出血热是自然条件下的暴发性疾病，病毒感染共有 149 例，其中 123 例死亡，病死率为 83%。大多数感染患者是一座金矿的工人，以及他们的家庭成员。

2004 年 10 月，安哥拉北部出现了首例马尔堡出血热。6 个月过后，该国境内已经有 7 个省份报告了病例，500 多名疑似病人被隔离。最终确认的病毒感染人数为 264 人，病毒造成 239 人死亡，病死率高达 91%，这意味着马尔堡病毒

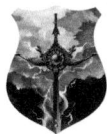

越来越危险。

马尔堡病毒可通过人类体液，包括血液、排泄物、唾液及呕吐物而进行传播，不经意之间就会乘虚而入，在人群中制造死亡事件。哀悼者在葬礼上与死者接触，加剧了马尔堡病毒的传播。

马尔堡病毒一般在 5~10 天潜伏期后引发疾病，与埃博拉病毒感染相似，患者会出现高烧出汗和肌肉疼痛，胸背部和腹部出现斑状疹。之后，生理反应加剧，呕吐腹泻以及疼痛症状会越来越严重，伴随出现炎症、体重快速下降和休克，并开始全身多处器官功能衰竭，口鼻腔、消化道等出血。通常患者在一周之内死亡。

马尔堡病毒是首个被发现的丝状病毒，其结构与埃博拉病毒几乎一样，形似丝线，也常常会出现环形等不同形状。丝状病毒的外层常常被一层膜所包裹。这类丝状病毒大都能引起非常严重的出血热疾病，病死率也非常高。

在 20 世纪 60 年代发生的马尔堡出血热病死率为 25% 左右，到 90 年代刚果疫情的病死率达到 80%。之后安哥拉疫情的病死率却高达 90%，并且感染马尔堡病毒的病例中，有近 3/4 是 5 岁以下的儿童，以及与被感染儿童接触的亲属与医护人员。马尔堡病毒具有高度传染性和致命性，目前尚未有针对此种病毒的有效疫苗或治疗方法。

在安哥拉疫情发生后，研究人员对病毒的传播开展了溯源工作，试图找到这一危险因子的宿主。因为贫困，安哥拉

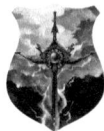

当地人有食用非洲青猴的习惯，所以首先把猴子列为宿主的怀疑对象。然而，非洲青猴感染马尔堡病毒后也会导致死亡，说明在自然界猴子并非病毒的宿主源头。

随后，在非洲的乌干达、西肯尼亚、津巴布韦地区，研究组通过动物试验，没有发现可列入的嫌疑对象。曾暴发过马尔堡疫情的刚果，许多患者都曾经进入过一个金矿，使科研人员不禁假设，感染病毒的患者可能是被携带了马尔堡病毒的穴居动物传染；而在安哥拉的马尔堡出血热暴发地区，当地儿童也曾与洞穴动物接触，并且还吃过这种动物接触过的水果。这种动物就是蝙蝠。

为了找到病毒的宿主源头，研究小组在刚果的金矿中，捕捉了超过 500 只蝙蝠。检测之后却并没发现蝙蝠是病毒的宿主源头的直接证据。随后研究人员又对其他动物包括昆虫、蜘蛛等也进行了检测。病毒学调查表明，有 7 个以上来自不同环境的病毒株传入人群。研究人员推测，人类因长期接触有大量北非果蝠群落栖息的矿山或洞穴，果蝠将马尔堡病毒传给人类，随后通过人际间传播逐渐蔓延开来。

第十章

沙粒与沙漠

拉沙热病毒（Lassa fever virus）也是个残酷的"杀手"。拉沙热是西非的一种地方性急性出血热。1969年，有位在尼日利亚一所教会医院工作的美国护士被拉沙热病毒所感染，该病毒首次引起了人们的关注。

在科学文献中，1952年第一次描述了拉沙热临床疾病，并没有正式将其命名或找到病因，疾病的发生地在非洲塞拉利昂的塞格布韦玛小镇。这种传染性疾病常常在塞拉利昂被发现，因此最开始被认为是一种地域性疾病。

塞格布韦玛医院的医生们发现，刚出现高烧和炎症，并伴随有头部和全身疼痛症状的拉沙热患者，获得及时医疗救治后，痊愈的比率较高。这些患者处于发病的早期，而那些处于发病中后期的患者，会出现持续性呕吐和神经紊乱现象，严重的患者会发生内脏和身体孔穴出血，身体器官肿大和血压突然大幅度降低，甚至死亡。

为了确定拉沙热病毒的天然宿主，科学家们再次展开搜寻。1972年，美国派遣研究团队赴塞拉利昂研究拉沙热。在

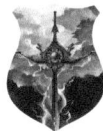

拉沙热流行的村庄内外，他们一共捕捉了 640 只动物，其中包括家鼠、田鼠、蝙蝠等。科学家们收集了这些动物的血液，并摘除它们的组织，随后用液氮予以保存运送至美国疾病预防与控制中心进行检验。

研究结果显示，一种西非常见棕鼠的血液呈病毒检验阳性。一位研究人员因接触了这种棕鼠的尿液，结果于两周后因拉沙热病毒感染而死亡。由于首次分离鉴定出这种病毒的地点位于尼日利亚的拉沙镇（Lassa），科学家将病毒以该地命名。

拉沙热病毒属于沙粒病毒。沙粒病毒家族中，还有塔卡里伯、马丘波、塔米埃米等 8 种病毒。拉沙热病毒颗粒呈圆形等多种形态，病毒包膜表面有 T 形突起，是沙粒病毒科沙粒病毒属成员。病毒粒子内部通常含有电子致密颗粒，沙粒病毒由此而得名。

研究人员在开展拉沙热病毒溯源调查时发现，这种病毒的宿主是一种多乳鼠（*Mastomys natalensis*）。它属于啮齿类动物，繁殖迅速，分布在东、西、中部非洲大草原和森林。携带拉沙热病毒的多乳鼠不会发生疾病，病毒却可以通过其排泄物所附着物体，如地板、床、食物等的表面进行传播。此外，病毒还会经由直接与患者接触，或经患者血液、体液的污染而引发人际传染。

拉沙热主要发生在非洲西部的尼日利亚至塞拉利昂一带。由于传播病毒的啮齿类动物种类遍及非洲西部，每年在西非被拉沙热病毒感染的病例数有 10 万～30 万，其中约有

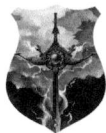

5 000 人因感染该病毒而死亡。

在感染拉沙病毒的人群中，约有 80% 不会出现发病的症状，所以病毒的传播很不容易被察觉。这种疾病的临床表现相对复杂，一般情况下患者病情难以准确诊断，在发现疑似病例时，须及时采取传染病隔离措施，并尽可能追踪患者的接触者，防控病毒传播和扩散。

在尼日利亚及塞拉利昂的一些地区，到医院就医的患者中有 10%～16% 患的是拉沙热。世界卫生组织资料显示，拉沙热患者中重症率约 20%，通常发病 14 天内死亡。

起初，治疗拉沙热通常采用应急治疗的血清疗法。从病毒感染痊愈的患者体内提取含有抗体的血清，将其注入被治疗患者的体内，以中和患者体内的病毒粒子。这种疗法可以用以治疗感染早期的患者，可是对于已经进入病毒感染晚期的患者几乎无效。

随后，人们发现一种通用的抗病毒药物利巴韦林对拉沙热病毒具有抑制功效。然而，临床事实说明这种药物主要对于感染早期的病患有效，依然无法治疗重症患者。尽管如此，在拉沙热患者发病的前 7 天内及时开展抗病毒治疗，仍然能够将患者的病死率降至 5% 以下。

此外，前列腺素可被用于治疗病因不明的休克，具有防止人体血管出血的作用。作为一种出血热疾病，拉沙热的典型症状也是致使人体出血，因此在疾病暴发时，可同时使用抗病毒药物和前列腺素来联合治疗拉沙热患者。

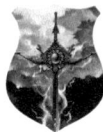

2015 年 8 月 ～ 2016 年 5 月，在尼日利亚暴发的一次拉沙热疫情，共发现 273 例病毒感染病例，其中死亡 149 例，病死率约 55%。目前，拉沙热仍然在主要在几内亚、利比里亚、塞拉利昂以及尼日利亚等地区流行。

中国科学院与南开大学等单位联合研究，筛选得到可阻断沙粒病毒入侵的抑制剂化合物。目前已在实验室中证实了，该化合物对沙粒病毒具有显著的抑制效果。这为研制抗沙粒病毒药物提供了重要线索。

第十一章
横跨亚非欧

　　克里米亚-刚果出血热是布尼亚病毒科的克里米亚-刚果出血热病毒（Crimean-Congo hemorrhagic fever virus，CCHFV）所引起的烈性传染病，是一种由蜱传病毒引起的人畜共患传染病。克里米亚-刚果出血热主要表现为高烧头痛、全身疼痛、呕吐腹泻等。随着病情的发展，患者会出现神经紊乱和肝脏严重受损，出血症状与其他出血热病例相似，病死率可达 40%。

　　克里米亚-刚果出血热患病动物，常是因为蜱虫叮咬而感染。在一些小型哺乳动物中，会表现出病毒血症和发热病症。人类被蜱虫叮咬，或接触到患病动物会感染。接触感染者血液、分泌物或其他体液，可以使病毒人际传播。因此，大多数克里米亚-刚果出血热患者来自与畜牧业相关的人群，如农场、屠宰场工人和兽医。

　　引发克里米亚-刚果出血热的病毒最早于 1944 年在克里米亚被发现，1969 年在刚果暴发的出血热被确认为同样的病原体，因此这一病毒被称为克里米亚-刚果出血热病毒。该病毒呈圆形或椭圆形，外部有一层囊膜。

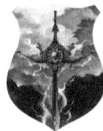

1965 年，新疆巴楚地区首次发现该病毒，因此我国最早将其称为新疆出血热病毒。2002 年之前的近 40 年间，巴楚地区共报道了 230 例出血热疾病。近年来，在新疆、青海、云南等地的家畜、蜱样品，以及人体血清中，有克里米亚-刚果出血热病毒感染的证据被发现。

克里米亚-刚果出血热病毒的主要传播媒介是亚洲璃眼蜱（*Hyatomma asiaticum*），该病毒经蜱卵传代。大部分的蜱存在于胡杨树下的枯枝败叶里，它们叮咬人和动物的同时也会传播疾病。通过蜱虫叮咬或与被感染动物的血液、组织接触，克里米亚-刚果出血热病毒可传播到人类。此外，与带毒的动物血液或急性期患者的血液相接触，摄入被病毒污染的食物，同样会被该病毒感染。

克里米亚-刚果出血热对于人群普遍易感，在病毒感染的对象中，主要以青壮年为主，也有婴儿被感染的病例发生。感染者的临床症状与出血热疾病相似，大多数患者入院治疗时已经是重症期，因此病死率可高达 40%。克里米亚-刚果出血热病毒会造成严重病毒性出血热疫情，死亡常发生于发病的第二周。

该疾病在很多地区流行，如非洲大部分地区、巴尔干地区、中东和北纬 50° 以南的亚洲地区等，这些地区的畜牧饲养较为广泛，多为干旱气候，是蜱虫滋生的适宜环境。

中国科学院胡志红研究团队对新疆地区分离的一株克里米亚-刚果出血热病毒（YL04057）进行了全基因组测序；并通过与清华大学饶子和院士研究团队合作，对 NP 蛋白的

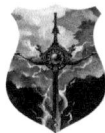

生物结构和生物学活性进行了解析。研究发现克里米亚–刚果出血热病毒的 NP 蛋白不仅是重要的结构蛋白，而且在病毒的复制过程中也具有非常重要的作用。该研究同时揭示了负义单链 RNA 病毒核蛋白的一种新的折叠机制。

目前，克里米亚–刚果出血热在中国自然疫源地的分布和流行规律尚不明确，缺少对该病的快速诊断及有效的预防疫苗和防治手段。上述研究成果提出了克里米亚–刚果出血热病毒的 NP 蛋白所具备的生物学新功能，为研究该病毒的转录复制机制提供了基础，也为针对该病毒的抗病毒药物研究和开发提供了新靶点。

暗涌·阿喀琉斯之踵

"纵使全身刀枪不入，阿喀琉斯却因脚踝未在冥河中浸泡被一箭射中而亡。"

——流感病毒的表面抗原容易变异，难以找到攻克的致命弱点，因而引起人世间大规模感染和流行。

第十二章

都是野鸟惹的祸

一名来自江苏盐城的上海摊贩感染 H7N9 型禽流感病毒。2013 年 2 月 27 日，他开始感觉不适，12 天后便因呼吸衰竭而死亡。2005 年 5 月暴发的 H5N1 型禽流感疫情仍让人心有不安之时，H7N9 型禽流感病毒又开始肆虐，人们的健康生活受到严重威胁。

H7N9 型禽流感（H7N9 avian influenza）是一种由新的 H7N9 型禽流感病毒引起的疾病。国家卫生和计划生育委员会于 2013 年 3 月 31 日通报，H7N9 型禽流感在我国上海、安徽两地出现了全球首次由禽类感染给人的病例。随后的两个月内，全国 10 个省市 39 个地市相继报告出现 H7N9 型禽流感病毒感染患者，疫情传播速度非常之快。

截至 2013 年 5 月 31 日，中国（未包括港澳台数据）共报告人感染 H7N9 型禽流感确诊病例 131 例，死亡 39 人，病死率 30%，重症率近 80%，远高于"非典" 7% 的病死率和 30% 的重症率。

突如其来的"禽疫"，刺激着人们脆弱的神经。在这春暖

花开的时节里，一些人却惶恐不安。

随着各地感染数量不断上升，公众的消费恐惧愈加弥漫。谣言四起，人们"谈鸡色变"，全国多地"全城杀鸡"，长三角地区，如上海、南京、苏州、镇江、无锡相继叫停活禽交易。家禽被焚烧或掩埋，种鸡苗被处理。昔日的"法宝"板蓝根重现江湖，全国多地断货。

据统计，2013 年 4 月以后的两个月间，受 H7N9 型禽流感疫情的影响，我国家禽养殖业所遭受的损失已超过 400 亿元，几乎每天损失 10 亿元。

自 1931 年流感病毒的蛛丝马迹被发现以来，人们发现的流感病毒家族成员已超过百种。禽流感为一种由禽流感病毒导致的动物传染性疾病，一般出现于禽鸟中，也会发生于哺乳类动物中，如猪、马、海豹和鲸鱼等。

进入近现代以来，造成 1918 年全球大流感的 H1N1 型流感病毒、1957 年全球大流感的 H2N2 型流感病毒、1968 年全球大流感的 H3N2 型流感病毒，均来源于禽鸟。1968 年后，流感似乎放慢了"杀人"的步伐，因此禽流感很长时间里未引起各界的关注。

然而，1998 年中国香港暴发的一次人感染 H5N1 型禽流感小型疫情，让人们嗅到了一丝不祥的气息。H5N1 型禽流感病毒于 2003 年再次肆虐东亚和南亚等地，泰国、日本、韩国、印度尼西亚、老挝、中国和巴基斯坦均受到影响，最终导致数十人身亡，病死率高达 75%。

上述现象与数据表明，H5N1 型禽流感病毒发生了突变，其毒性也随之增强，宿主范围进一步扩大。2013 年中国长江三角洲暴发的 H7N9 型禽流感疫情中，除一名四岁的患病儿童病愈之外，数人因病死亡。

流感病毒的变化多端，对人类防控流感提出了更高的要求。要精准把握每季流感的主要毒株尤其显得重要，世界卫生组织在全球范围内对流感病毒进行监测，并预测可能的新发或再发流感病毒类型，为预防和控制流感病毒提供科学证据。

第十三章
没有硝烟的战争

1658 年，流感大流行造成意大利威尼斯城 6 万人死亡。人们认为这是上帝的惩罚，行星带来的厄运所致，所以将这种病命名为 influenza，意即"魔鬼"。

此后，在有记载的资料中：1742～1743 年，东欧人口的 90% 感染流感相关疾病；1837 年，欧洲暴发了大范围流感，柏林的死亡人口超过了出生人口；1889～1894 年，流感在西欧再次暴发造成约 100 万人死亡。

1918 年，第一次世界大战中的欧洲大陆烽烟滚滚，协约国和同盟国之间拼得不可开交。远在大西洋彼岸的美国宣布参战后，派遣了大量的增援部队，使得双方的战况愈加激烈。为了补充兵员和参战训练，美国在本土建造了许多军用设施，战争动员也在全国轰轰烈烈地进行着，新兵被招募参军并分配到全国各地的军营。

3 月 4 日，位于美国堪萨斯州的福斯顿军营中，新征入伍的军人中发生了流感，超过 1 100 名危重症患者住院接受治疗。这是一个危险的信号，到了 4 月份，全美国 55 座大

城市以及 36 座大军营中，被流感袭击的有 30 座城市、24 座军营。这一次的流感似乎与以往不同，不仅致病性非常高，而且传播的范围也极其广。

在欧洲作战的士兵也开始纷纷倒下，即使逃过前方射来的冷酷子弹，躺在后方也躲不过流感的威胁。德军指挥部开始不断接到流感人数飙升的报告，军队的战斗力被感冒所削弱；法军一个千人兵站共有近七成的人患重症入院，许多年轻的士兵在短短数周内死亡；前线的英军中，也有超过六成的士兵被流感所困扰。交战双方都意识到，这一场疾病并不仅仅是在摧毁对方，而是一场没有胜利者的大流感暴发。

远离核心战场的中立国西班牙，也饱受流感困扰。流感开始从军队中向民众中扩散，甚至连西班牙国王也不能幸免。这一消息让整个半岛陷入了恐慌，全国的感染人数达到八百万。西班牙人开始指责是法国人把流感带到了西班牙。

在战争和流感双重打击下的法国、德国、英国等参战国家，此时已深陷这个灾难性的泥潭之中。各国纷纷禁止报道负面新闻，但大量关于疾病的消息从中立国传出。如此一来，大家纷纷认为西班牙是这次世界大流感的暴发中心，并把这次流感名称的"殊荣"送给了西班牙，将其命名为"西班牙小姐"。

这一时期，欧洲大部分国家都出现了疫情，并开始向全球范围蔓延发展，仿佛又开辟出一个新的战场——人类对抗流感病毒的没有硝烟的战场。

战斗不断持续，到了这一年的秋季，大流感第二轮强劲攻势开始了。拥有 175 万人口的美国费城已经成为工业都市，工人们的住宿条件极为拥挤，生活仿佛成为"流水线"般的排列格局，许多大人和小孩拥挤在一个房间里，甚至连睡觉都是执勤式的轮休。

9 月份，随着一批波士顿船员的抵达，费城很快就出现了流感暴发的苗头。不到一周时间，感染者就已经增加到六百多人，费城的码头变成了高危的感染源地。当地立即启动了紧急隔离措施，但这主要是为了保证另一项重要活动的进行，就是马上要开始的战争动员游行。

一百年前，人们似乎并没有意识到大流感的真正威胁，一战的决胜时刻正在酝酿，这次的费城游行正是为了征召奔赴前线的兵员。在长达几公里的游行队伍中，拥挤的人群、热闹的街市，和不远处隔离区形成了鲜明的对比。似乎那海湾在另一个时空维度。

游行的激情还未散去，可怕的事情就发生了。在军营中和居民区里面，流感重症病人激增，全城的医院床位爆满。一星期内，每天都有感染人数和死亡人数不断攀升的消息。所有的集会活动被禁止，公共场所被关闭。士兵们还在训练中，就已经遭受了流感如此大规模的袭击，此刻他们更需要的是在这场与疾病的战争中的生存技能。

疫情也开始向城市外蔓延，五大湖区相继出现了感染。美国大西洋区、太平洋区、墨西哥湾区等交通繁忙的地方，又一次暴发了大流感，并一直持续到冬季。世界各国都不同

程度地遭受着疾病的进攻，直到 1919 年后才逐渐消退。

20 世纪 20 年代，美国调查统计全球流感死亡人数超过 2 000 万人。后来经研究人员根据资料和流行病学进一步推算，这一数字可能达到 5 000 万～1 亿人。这些数字背后，是深深留在人们心灵中的创伤。这一次全球大流感中：墨西哥恰帕斯州损失了 1/10 的人口；太平洋萨摩亚群岛损失了 1/5 的人口；印度次大陆地区损失人口超过 2 000 万；日本超过 1/3 的人口被感染；中国仅重庆一地，感染人数就超过其人口数量的一半；甚至在人烟稀少的北极圈，也至少因此减少了 1/3 的人口。

那时人们并不知道是什么引起了这次的严重流感，隐藏在疾病背后的微生物仍然是个谜。很多流感患者在短期内就出现重症死亡，更可怕的是死亡人口中大部分是年轻人，各种谣言开始散播，恐慌的气氛在城市中蔓延。

直到 10 年以后，美国科学家理查德·肖普（Richard Shope）发现了猪流感病毒，并提出引发人类流感和猪流感的是同一种病毒。1933 年，科学家第一次分离出人类流感病毒，并命名为 H1N1 型流感病毒，流感病毒作为一种引起人类流感疾病的病原体正式被发现。

第十四章
说走就走的旅行

流感病毒可以通过飞沫在空气中传播引起流行性感冒，其感染性强并且传播速度快。病毒通过入侵人体的呼吸道黏膜，进入上皮细胞并在其中快速复制和生产病毒粒子。被感染的细胞会发生病变损伤或凋亡，从而破坏人体正常的生理功能，严重时会导致感染者因器官功能衰竭而死亡。

通常，流感病毒可分为人流感病毒、猪流感病毒和禽流感病毒等，而基于流感本身的生物学特性又可分为甲型流感病毒（influenza A virus）、乙型流感病毒（influenza B virus）、丙型流感病毒（influenza C virus）和丁型流感病毒（influenza D virus）。其中：甲型流感病毒容易发生突变，是人类感染流感的主要病毒类型，也可以感染多种动物；乙型流感病毒也能够引起季节性和区域性的人感染；丙型流感病毒主要引起人感染；丁型流感病毒的感染对象是动物。

在构成流感病毒的物质中，有两个组成部分，即血凝素（hemagglutinin，HA）和神经氨酸酶（neuraminidase，NA），在病毒入侵和细胞释放中发挥重要的作用。甲型流感病毒容易突变，为了标记这类型流感病毒的不同突变株，就按照 HA

和 NA 的不同属性，来命名和编号不同的亚型，目前已经发现的甲型流感病毒，共有 18 种 HA 亚型和 11 种 NA 亚型。

H1N1 型流感病毒是 1918 年全球大流感的病原。2009 年病毒在北美再次暴发，流行范围包括了 213 个国家和地区，呈现出许多重症患者并导致近两万人死亡。病毒感染患者后具有潜伏期，使得隐性感染率很高，突然发病并迅速感染和扩散，十多天就发展至世界各大洲，世界卫生组织因此将此次流感疫情等级上升至最高级。

1957 年，"亚洲流感"在中国西南等地区，以及日本、新加坡暴发，并开始向大洋洲、北美洲、欧洲传播，最终波及非洲、南美洲等世界多地。这一次肆虐的是 H2N2 型流感病毒。在本次流感暴发的高峰期，感染发病率超过了 50%，最常见的临床表现是肺炎等典型呼吸疾病，导致了全球数百万人死亡。

1968 年，H3N2 型流感病毒引起的"香港流感"从东亚向东南亚流行，日本、新加坡、泰国、印度和澳大利亚相继暴发流感，并蔓延到欧洲、北美洲、南美洲及非洲。病毒传播感染速度很快，估计造成全球 100 万人死亡。

1977 年，"俄罗斯流感"在苏联暴发；1999 年，流感在亚洲、欧洲和美洲同时暴发，并在法国引起了严重的疫情；2010 年，"美洲流感"暴发，造成全球约 2 万人死亡。

乙型流感病毒在 1940 年首次被分离，分别有 Lee 系、Victoria 系和 Yamagata 系，主要在人群中流行。目前主要是

Victoria 系和 Yamagata 系乙型流感病毒感染人类。通常情况下，乙型流感病毒约每4年就会成为主要流行株。季节性的流感监测信息显示，这一类型的流感常常会在人群中潜伏，也会引起人体呼吸道疾病和重症，严重时致人死亡。

2013 年，高致病性 H7N9 型流感病毒在长江三角洲拉响了警报。科学家发现，从长江三角洲地区的野鸭中分离出的 H7 基因，与从东北亚迁徙的燕雀中分离出的 N9 基因，与这一次的 H7N9 型流感病毒的遗传信息具有同源性。

通过进一步的研究，推测 H7N9 型病毒可能在鸡的体内发生了基因重组，新型病毒获得了感染人类细胞的能力，从而导致了人和禽类共患流感疾病的发生。

这是全球首次出现 H7N9 型禽流感没有通过中间宿主，而直接感染人类的情况。

通常来讲，不同的病毒对应不同的宿主，禽类病毒宿主是禽类动物细胞，人类病毒宿主是人类细胞。病毒的这一特性在其结构的典型表现就是，流感病毒粒子囊膜上的血凝素，即 HA。如同"钥匙"和"锁"的关系，HA 就是流感病毒打开宿主细胞的"钥匙"，而人和禽类细胞上也对应着不同的"锁"，这就是生物之间的种属屏障。

中国科学院高福院士团队研究成果显示，禽流感 HA 的细胞受体是 α-2,3-半乳糖苷唾液酸，人流感 HA 的细胞受体是 α-2,6-半乳糖苷唾液酸，不同的流感病毒通过"解锁"进入禽类动物细胞或者人体细胞，借由空气入侵上呼吸道和下

呼吸道。新型 H7N9 流感病毒同时具备了 α-2,3-半乳糖苷唾液酸和 α-2,6-半乳糖苷唾液酸两种受体结合的能力，可在禽类和人类之间传播致病，使得对这种病毒的防控更加困难。人们既要做好人体健康保护，还要兼顾禽类的卫生防疫。

第十五章

空袭

中东呼吸综合征（Middle East respiratory syndrome，MERS）是由一种新型冠状病毒引起的病毒性呼吸道疾病。MERS 冠状病毒于 2012 年在沙特阿拉伯首次发现，该病毒因致死率高且 2015 年在韩国快速传播而引发关注。

2015 年 5 月 29 日，国家卫计委通报，广东省惠州市出现首例输入性 MERS 确诊病例。该患者是来自韩国的金某，在前往广东省惠州市中心人民医院就医之前，他已携带 MERS 冠状病毒于我国内地停留了近 40 小时。

这名 44 岁的韩国男子于 2015 年 5 月 16 日曾去医院探望生病的父亲，并在其病房停留了数小时。5 月 17 日，他得知了父亲被确诊为韩国第三例 MERS 患者。5 月 19 日，他出现发烧等症状。

5 月 22 日，金某前往韩国某医院接受诊治。其间，他并未告知医生其曾与 MERS 确诊病例进行过密切接触，也未向医生说明他是确诊病例的家属。虽未确诊，但由于出现体温过高等 MERS 常见症状，他曾在家中接受隔离观察。

5月25日，金某未接受医生让其取消前往中国出差计划的建议，并于26日上午10点在韩国仁川机场搭乘韩亚航空班机飞往香港。与其同机乘客共计158人。入境前，香港国际机场的卫生检疫人员曾发现金某有发烧、咳嗽症状。金某否认与MERS病例进行过接触，还声称未曾前往中东地区。随后，他经广东省深圳市到达惠州市。

5月27日，韩国卫生当局确认金某已出境，通知了世界卫生组织和中国卫生部门。5月28日凌晨2时，金某被送到定点医院接受隔离治疗，曾与其进行过密切接触的人员也被就地隔离观察。经检查显示，金某仍然有发烧症状，最高体温达至39.5摄氏度，胸片显示其双下肺发生病变，考虑可能感染肺炎。

5月29日，通过患者的临床表现、实验室检测和流行病结果证据显示，金某被确诊为 MERS 病例。自此，MERS首次进入中国。

时间回溯至2015年5月20日，韩国确诊了首例 MERS病例。6月1日，韩国出现第一例因感染 MERS 冠状病毒而死亡的患者。此时，韩国被隔离者已有628人，疫情在韩国持续扩散。6月8日，韩国成为世界第二大 MERS 发病国。6月9日，共确诊87人感染 MERS 冠状病毒，其中6人已死亡；累计被隔离人数达 2 508 人。

面对凶猛来袭的 MERS 疫情，整个韩国笼罩在恐慌和不安之中。民众表示最近因为 MERS 疫情暴发而感觉空气好像也有了传染性，人多的地方、封闭的地方都不敢去。韩

国多地口罩脱销，公众活动纷纷取消，公共场合的人流量大幅减少，2 400 余所学校被迫停课，商业、餐饮业、娱乐业也受到严重打击。

进入 2015 年 6 月后，韩国街头的民众纷纷统一戴着白色的口罩。在首尔的地铁里不小心打一个喷嚏，都会引来旁边所有乘客警惕的目光。MERS 疫情对韩国旅游业也造成了巨大冲击，约 13 万外国游客取消了赴韩旅游计划，其中 70% 来自中国，估计因此遭受直接损失高达 5.9 亿美元。

6 月 9 日，韩国政府出台多项措施，如系统排查 MERS 冠状病毒感染者、疫情公开发布和公费救治感染者，力求挽回民心。6 月 28 日韩国政府宣布，韩国的 MERS 疫情结束，共有 186 人感染 MERS 冠状病毒，其中 36 人因此死亡，大约 16 700 人被隔离。

"凡事预则立，不预则废。"回首 2003 年以来，从 SARS 到超级细菌，从禽流感到 MERS……历经考验的中国在应对突发性传染病方面，防控、应急以及管理能力都有了很大提高，并开始主动备战。

早在 MERS 冠状病毒刚被发现时，我国科研人员便"前瞻性布局"，对其开展了系统研究，此次我国应对 MERS 打的是"有准备之仗"。

2015 年 5 月 28 日凌晨 2 时，韩国患者被送入惠州市中心人民医院后，立即启动应急响应，病人被收入 ICU 负压病房隔离治疗；29 日，即成立了广东省中东呼吸综合征临床

专家组。

6 月 2 日，国家卫计委发布关于中东呼吸综合征的诊疗方案及感染预防与控制指南；4 日，国家卫计委印发通知，要求各地做好相关医疗救治准备……

竭尽全力医治患者、加强病例监测防控、高度重视消毒隔离、每日发布疫情报告、启动机场 MERS 排查……此轮疫病救治"有条不紊、忙而不乱"。在疾病控制方面，我国 MERS 药物抗体已接近临床。

2015 年 6 月 10 日 24 时，广东 75 名 MERS 密切接触者全部被解除隔离。

第十六章

"新非典"

2013 年 11 月，红海之滨一望无垠的大沙漠中，黄色基调笼罩的、被称为"红海新娘"的沙特阿拉伯吉达市，点缀着丝丝绿意。一头骆驼"感冒"了，不断地流着鼻涕。它的主人用被蒸汽熏过的湿布反复擦拭，希望能治好它。一周后，这头骆驼的主人也出现流鼻涕且不断咳嗽的症状。他 15 天后因病情加剧不治身亡。

后来证实，那头可怜的骆驼因感染 MERS 冠状病毒而出现病毒性"感冒"。也正是这种病毒，在 4 个半星期后夺去了它主人的生命。这是第 72 例记录在案的 MERS 受害者。

2012 年 3 月，两名约旦医务人员在出现呼吸道疾病症状后相继死亡。6 月，一位 60 岁的沙特阿拉伯男子发病，在入院几天后即死于肺衰竭和肾功能衰竭。荷兰鹿特丹伊拉斯谟大学医学中心（Erasmus Medical Center）在这名患者的血液标本里分离出了新型冠状病毒，即 MERS 冠状病毒。

在对此前保存下来的约旦医务人员的血样进行检验、对比之后，人们发现，他们也是死于 MERS 冠状病毒感染。因

而，当前已被发现的 MERS 病例最早出现于 2012 年 3 月。

MERS 冠状病毒，这种仅有百余纳米直径的球形钉刺病毒，开始渐渐在世界蔓延。截至 2015 年 6 月，世界卫生组织共通报 1 134 个确诊的 MERS 冠状病毒感染病例，其中至少包括 427 个死亡病例。这些病例大多出现在阿拉伯半岛，部分出现在远离中东的 20 多个国家和地区，包括韩国、法国、马来西亚等。

2014 年 4 月，一位曾在沙特阿拉伯医疗机构工作的美国居民，因患 MERS 前往明斯特（Munster）的社区医院急诊室就医。在医生和护士的悉心照料下，他得以康复出院。2015 年 5 月，MERS 冠状病毒由一名在巴林进行农作物种植的韩国人从卡塔尔带入韩国。

在 20 世纪 60 年代，冠状病毒（coronavirus）被英国科学家分离出来，此类病毒的名称来源于其表面"冠状"的突起物。冠状病毒可能与包括人、猪、猫、狗、鼠和鸡等生物的呼吸系统感染相关。

MERS 冠状病毒是第 6 种已被发现的人类冠状病毒。引起"非典"的 SARS 冠状病毒也属冠状病毒科。通过分析二者的基因组序列，它们的基因组相似性约为 55%，且引发的呼吸疾病症状类似。因而 MERS 还被称为"新非典"。

传染病之于人类有着极大隐秘感和不可预知性。人类究竟是如何被它感染的，又是如何传染给其他人的呢？据世界动物卫生组织公报显示，由病毒感染引起的人类疾病，约有

60% 来自动物。

动物王国拥有向人类世界传播病毒的"悠久"历史，艾滋病大概是其中最著名的"案例"。SARS 冠状病毒和 MERS 冠状病毒也均为动物源性病原，通过跨种传播感染人类。

动物病毒究竟为什么可以感染人？

前面说过，病毒侵入宿主的第一步，是通过病毒表面蛋白与宿主细胞表面特异性受体之间的相互作用。宿主的细胞表面就像是细胞的"门"，进入"门"内需要通过特异性受体这样一道"锁"，而病毒表面蛋白可以视为一把"钥匙"，正确匹配的"钥匙"即可打开受体"锁"进入细胞。

由于宿主细胞"锁"的种类和分布非常多样，很大程度上决定了病毒选择入侵不同宿主和身体组织的偏好性。特定的病毒都有特定的抗原"钥匙"，来决定它的感染特异性。例如：马传染性贫血病毒感染马，而一般不会感染猪等；牛痘可以感染牛，但对人致病性却不强。不同类型的病毒感染的物种也不完全一致。

但如今，愈来愈多的病毒性疾病出现跨种传播的迹象。这主要有两个原因：一方面是病毒变异导致的结果，因地球环境不断发生变化，导致病毒也要不断地进化，发生突变来适应环境；另一方面是由于人为的原因，人类活动的范围越来越大，占据了很多原本属于动物的生存空间，人与动物的接触也越来越频繁，它们携带的原来与人类疾病无关的病毒，也只得寻找新的宿主。上述原因导致病毒拥有新的"钥

匙"，可以打开之前不能打开的细胞的"锁"。

就 MERS 冠状病毒而言，早前的研究显示，骆驼是病毒的宿主。然而，越来越多的研究证明，蝙蝠是 MERS 冠状病毒的最终宿主。科学家推断 MERS 冠状病毒是由蝙蝠传给单峰骆驼的，作为中间宿主，单峰骆驼可能在 MERS 冠状病毒传播中扮演着"受害者"与"帮凶"的双重角色。

第十七章
城堡里的伏兵

1980年10月~1981年5月，美国洛杉矶的三所医院里有5名男性因被诊断患有卡式肺囊虫性肺炎而接受了治疗。然而不久后，其中两名患者便相继死亡。

根据检验结果显示，这5名病人均曾患或现患有巨细胞病毒和黏膜病毒感染。此外，对这些患者的观察表明，他们的细胞免疫功能似乎都有缺损，即使是一般接触都可能感染病毒或其他病原体。

以上事件为美国疾病控制与预防中心通报的全世界最早的人类免疫缺陷病毒感染案例，这种病症被命名为"获得性免疫缺陷综合征"（acquired immunodeficiency syndrome，AIDS），即艾滋病。这种严重致死性疾病的突然出现，及其在美国和欧洲大陆的迅速传播，引起国际社会的高度关注。

1983年，法国巴斯德研究所的吕克·蒙塔尼耶（Luc Montagnier）教授，首次对一例患有持续性全身淋巴结病综合征的男性同性恋者肿大淋巴结组织作体外细胞培养。在电镜下他发现了一种具类似于逆转录酶功能的病毒，经验证

为一种新发现的病毒，便将其命名为淋巴结病相关病毒（lymphadenopathy associated virus，LAV）。

1984 年，美国学者罗伯特·加洛（Robert Gallo）教授从艾滋病患者周围淋巴细胞中分离到一株新病毒，并将其命名为人类嗜 T 细胞病毒 III（human T cell lymphotropic virus，HTLV-III）。随后，美国旧金山加州大学的里维教授也从艾滋病患者体内分离到一株病毒，命名为艾滋病相关病毒。

因为上述三种病毒在形态、核酸序列、蛋白结构及细胞嗜性等方面完全一致，1986 年 6 月，国际微生物协会及病毒分类学会将该病毒统一命名为人类免疫缺陷病毒（human immunodeficiency virus，HIV），即艾滋病病毒。

人类免疫缺陷病毒如同人体"城堡"中暗藏的"伏兵"。自发现这种病毒后，人类就开始了与它的艰难斗争。

1986 年，80 多个国家向世界卫生组织报告，统计了超过3.8 万例艾滋病病例，其中北美洲超过 3 万例，欧洲约 4 000例，非洲约 2 000 例。1987 年，全球艾滋病项目启动，各个国家通过提供资金和技术，支持世界卫生组织发起相关医学研究，并用于保护人类免疫缺陷病毒感染者权益。此时，预计已有近 1 000 万人被感染，引起全世界的高度关注。

1988 年，世界卫生组织将每年的 12 月 1 日定为世界艾滋病日，旨在全球范围内共同对抗艾滋病和关爱健康。1991年，一个红丝带标记进入了公众的视野，它代表了对艾滋病患者的关切，并成为国际社会对艾滋病的认知形象符号。

据联合国艾滋病规划署和世界卫生组织统计的数据，自1981 年被首次证实，艾滋病已导致超过 3 900 万人死亡，这使其成为有史以来破坏力最大的流行病之一。据统计，截至2014 年底，全世界约有 3 690 万人携带人类免疫缺陷病毒，2014 年因艾滋病死亡人数高达 120 万。

艾滋病被认为来源于非洲，这种疾病最初是由非洲中部的野生黑猩猩传播给人类的。科学家发现，该地的黑猩猩和猿携带了一种类似人类免疫缺陷病毒的猿猴免疫缺陷病毒（simian immunodeficiency virus，SIV）。因此推测，人类由于捕杀或食用了携带病毒的黑猩猩等而被传染上该类疾病。

人类免疫缺陷病毒具有基因高变异性，主要分为 HIV-1 和 HIV-2 两种类型。两种类型的人类免疫缺陷病毒具有一定的同源性，然而 HIV-1 比 HIV-2 的感染致病性更强，致死率更高。一般情况下，人类免疫缺陷病毒指的就是 HIV-1 型，是引起艾滋病的主要病毒类型。HIV-2 感染病例是在西非地区发现的，也出现在欧美、南亚等地区。

根据 HIV-1 的生物学特性，又可以分为 M 型、N 型和 O 型三个亚型，超过 90% 的艾滋病病例是由 M 型病毒感染造成的。M 型中又分为 A～K 共 11 组，A 组病毒在全球广泛流行，B 组病毒主要流行于西非地区，在东亚等地区也发现有感染者。N 型和 O 型分别是另外两种感染人数较少的病毒亚型，N 型记录的病例非常罕见，O 型主要在西非和中非地区流行，病例人数相对较低。

2015 年初，全球已有 1 500 万人获得抗艾滋病治疗，约

占患者人数的 40%，其中儿童获得救治的比率大概在 30%。同时，接受治疗人群的人类免疫缺陷病毒耐药性监测，是监控治疗方案质量和选择疗法的关键。病毒的高突变率使得治疗时需要合理地监测和评估抗病毒治疗药物的有效性。

尽管全球在应对艾滋病的措施方面取得进展，艾滋病疫情在世界各地仍构成公共卫生威胁。在许多地区，疾病预防和治疗的体系不健全，干预措施难以全面实施，因而全球仍有超过 2 000 万感染患者无法获得有效的药物治疗。

结核病是艾滋病患者发病的常见合并症，约 1/3 病例因此死亡，是致死病例的主要临床疾病。人类免疫缺陷病毒与乙型肝炎病毒、丙型肝炎病毒的合并感染，会导致肝脏纤维化进程加快，增加肝硬化和肝癌风险，导致更高的肝脏疾病病死率。对于这类合并感染的疾病，应当早诊断和治疗，依据感染地区和人群的不同情况，制定专业的应对举措，提高抗病毒药物治疗的效率。

目前，医学界仍未有可以治愈艾滋病的方法，全球范围内没有任何国家和地区能躲过人类免疫缺陷病毒的威胁。这给世界各地的人口、经济、社会等造成巨大损失。

由于艾滋病的血液传播等传播途径与社会丑恶现象相联系，人类免疫缺陷病毒感染者往往受到排斥和歧视。通过在全球范围内普及艾滋病及其传播和防控知识，人们对人类免疫缺陷病毒感染者的态度也逐渐由排斥转为关爱。红丝带的标志，就象征着全世界人民紧紧联系在一起，共同抗击艾滋病。

第十八章

远古三万年

1992 年，研究人员在英格兰布拉德福德（Bradford）的某处水塔中，发现了一种非常奇怪的微生物。它在显微镜下呈现出病毒的形态，体积却比常规病毒大很多。虽然当时被认为是一种细菌，但是它似乎又与人们通常的认知不一致。

直到 2003 年，科学家经过分离鉴定后，证实了这就是一种新型病毒，并将其命名为"拟菌病毒"（mimivirus）。这一命名来源于其颗粒大小在光学显微镜下可见，mimivirus 中的 mimi 代表 microbe mimicking，即"微生物模拟"。

这类病毒一般以阿米巴虫（amoeba）和其他原生生物为自然宿主，病毒颗粒呈二十面体，一般大小为 600~750 纳米。拟菌病毒科与临床的肺炎症状有关联，但病毒对疾病的作用机制尚不清晰。它们也被认为与类风湿性关节炎具有一定的关联。由于仅有少数的病毒被仔细描述，更多的病毒仍需要进一步研究和分类。

宏基因组的调查显示，拟菌病毒科普遍存在于海水中，可能感染海洋异养原生生物和调控浮游生物种群。以拟菌病

毒的粒子大小推测，其可被各种吞噬细胞所吞噬，包括人类巨噬细胞。目前，几乎没有事实证明拟菌病毒是一种可以使人类致病的病原体。

拟菌病毒的起源非常古老。对于拟菌病毒的研究，已经在生命起源的争论中成为一种新的论据，并且它似乎与另一种被命名为潘多拉的病毒有着某种联系。

2012 年，在西伯利亚东北部科雷马河沿岸，俄罗斯和美国的科学家发现了七十多个古松鼠洞，洞中藏有多种古植物的种子。这些洞和远古哺乳动物，如猛犸、毛犀牛等的骨骸处于同一时期的永冻层，科学家们推断这些种子来自于三万年前，并对它们进行了精心培育，不仅让它们"复活"了，甚至还培养出完整的草本植物。

受这一事件的启发，法国微生物学家让·米歇尔·克拉弗里（Jean Michel Claverie）和尚塔尔·阿贝热尔（Chantal Abergel）夫妇产生了一个设想：若能使远古植物复活，那病毒是否也能从冻土中复活呢？

2013 年，他们的研究团队发现了"潘多拉病毒"（Pandoravirus）。人们之前发现的病毒直径一般只在 10 ~ 500 纳米，当观察到直径达 1 微米的潘多拉病毒时，科学家们都震惊不已。

当时，潘多拉病毒是有史以来世界上发现的最大的病毒，它的基因与其他生物的类似程度仅有 6%。这让科学家们百思不解，有些人甚至猜测这一病毒来自远古时代，甚至

可能来源于火星等其他星球，这也是该病毒被称为"潘多拉病毒"的缘故。

2014 年，该团队的研究人员采集了一些地下 30 ~ 40 米处的冰层样本带回实验室，想判断冰层里是否存在能够导致感染的病毒。实验过程中他们发现了一些形状像橄榄球一样瘦长的颗粒。这是一种新型巨型病毒，而其生存时期正是史前人类尼安德特人（*Homo neanderthalensis*）灭绝之时的三万多年前。

这种病毒粒子的直径可达 1.5 微米，可在光学显微镜下被直接观察到，与之前发现的巨型病毒纪录保持者潘多拉病毒相比，它更大一些，是目前为止被发现的最大病毒。由于一端有开口，在显微镜下看起来像一个细长的罐子，科学家将其命名为西伯利亚阔口罐病毒（*Pithovirus sibericum*）。

更令人生畏的是，西伯利亚阔口罐病毒具有复制及感染能力。然而，研究人员表示，目前该病毒不会对人类和其他哺乳动物产生影响。

这并非科学家首次从冻土里发现病毒。1999 年，在格陵兰岛深达 2 000 米的地下冰芯样品中，美国科学家检测到了番茄花叶病毒（tomato mosaic tobamovirus）的影子。因为该病毒具有很强的稳定性，即使是在冰层里埋藏了 14 万年，其基因组仍能被检测到，这也是迄今为止人类所发现最古老的病毒基因组痕迹。

马赛病毒（Marseillevirus）也是一种新的巨型病毒，它

于 2007 年在法国巴黎的一处冷却塔水中被分离获得。它的大小几乎与小型细菌相似，病毒颗粒是一个直径约为 250 纳米的二十面体，在常规的光学显微镜就能看见。该病毒在环境中的流行情况还有待进一步研究

2015 年，在西伯利亚地区又发现一种巨型病毒，其被命名为"西伯利亚软体病毒"（*Mollivirus sibericum*）。该病毒大小为直径 0.6 微米左右。这种病毒具有感染阿米巴虫的活性，导致宿主死亡后，少量病毒粒子还可以继续感染复制。

2018 年，从巴西盐湖湖底和 3 000 米深海底沉积物中，研究人员又发现了拟菌病毒科的新成员。这些病毒的大小为 1.2 ~ 2.3 微米。这类新的巨型病毒从冰层、盐湖或深海等极端环境中苏醒，它们所面对的这个世界，是一个全新的未知领域，或许这又将开启一次物种间重新认识的历程。

第十九章
诸神的"礼物"

古希腊神话中，普罗米修斯是泰坦巨神的后代。为使诸神不要向人类提出苛刻的献祭条件，他自以为聪明地蒙骗了天父宙斯，却被后者识破。后来，普罗米修斯又想方设法盗走了天火，并偷偷将其交给了人类。宙斯对他这种肆无忌惮的违抗行为大发雷霆，于是决定报复他，并让灾难降临人间。

宙斯命令火神用黏土创造了一个人类女人，并下令让众神赠予使她更令男人着迷的礼物，比如华丽的金长袍、妖媚与诱惑男人的力量、说谎的天赋……唯独智慧女神雅典娜拒绝给予她智慧。

宙斯给这个人类女人赐名为"潘多拉"，决定把她作为礼物赠予世间的男人。

信使将潘多拉送去给普罗米修斯的弟弟埃庇米修斯。埃庇米修斯十分高兴地将姿容绝美，令世间男人倾心不已的女人迎进屋内。普罗米修斯早就劝告过他，不要接受宙斯的礼物，特别是女人这种危险的尤物，而埃庇米修斯将这一警告抛诸脑后，迎娶了潘多拉。

潘多拉从宙斯那里获得了一个密封的盒子，而众神却告诫她千万不要打开。反复的叮嘱愈发使她产生了打开盒子的欲望，她想："普通的一个盒子何必要这么神秘？而且又密封得这么紧，到底为什么呢？"

趁埃庇米修斯外出时，潘多拉悄悄打开了盒子，结果里面并没有潘多拉所期待的东西，所有的恶疾都被关在盒中。在盒子被打开之前，人类免受了灾祸的折磨，过着安静祥和的生活。潘多拉打开盒子后，灾难与瘟疫逃了出来。从那时起，每日每夜都有人在遭受疾病的折磨。

"阔口罐病毒"这种能感染阿米巴虫的新型病毒对人体或动物并不产生危害。它拥有约 500 组基因，尽管远远少于"潘多拉病毒"的基因组数量（1 900～2 500 组），但其自我复制模式却更为复杂。

因为人们对这类病毒不甚了解，所以有关其起源和进化方面的研究仍难以开展。也正因为存在太多未知，人类发现这些病毒就像打开了潘多拉的盒子，这或许又是一个招致灾难和瘟疫的源头。

作为天然的病毒保存箱，永久冻土或冰层能将完整的病毒粒子及其基因组保存相当长的时间。隐藏在这些古老冰层里的病毒家族不仅年代遥远，而且拥有非常繁杂的种类。

2004 年，科学家曾在西伯利亚东北部的墓地里发现了天花病毒基因组。在永久冻土里还曾发现过其他病毒，如各种奇怪的流感病毒、脊髓灰质炎病毒等，其中还有许多至今尚

未被查明。

科学家们研究保存在永久冻土中的远古病毒，在某种程度上可更深入地探讨生命起源的奥秘。然而，让人感到担忧的是，在北极地区矿业、钻井作业的不断发展以及全球气候逐渐变暖的影响下，埋藏在永久冻土或者冰层中的危险病原体或其基因组片段会被释放出来，远古病毒回至"人间"，为了生存它们有些可能会进化出"超级病毒"。

如若那些已消失几千年的病毒再次回归人类社会，而人体的自我防御机制对抵抗这些"穿越时空"病毒的能力相对脆弱，一旦暴发病毒感染疫情，就很可能引发大规模的疾病流行，对人类和环境构成难以预测的"远古危机"。

风云·特洛伊木马

"巨大的木马伫立在特洛伊城，希腊士兵从木马中出来打开了城门。"

—— HIV破坏人体免疫系统而使患者失去对抗疾病的免疫能力，被称为复活的"特洛伊木马"病毒。

第二十章
追本溯源

生命是物质的一种运动状态。简单来说也就是，有生命机制的物体，可以自我复制、有应激性且能够进行新陈代谢的物体即为生命。生命个体都要经历出生、成长和死亡。

细胞是生命活动的基本单位，其物质基础是蛋白质和核酸。蛋白质是生命活动的体现者，它不仅是构成细胞和生物体的基本物质，也是调节细胞和生物体新陈代谢的重要因素。核酸是生命的遗传物质，作为遗传信息的载体，在遗传变异和蛋白质的合成方面具有极其关键的功能。

"文艺复兴"之后，当近代科学思想逐渐取代神创论思想时，在生物学和医学研究领域中有一个本源的问题受到关注："老虎等动物必须通过吃肉来维持生命，而人类可以通过食用谷物、土豆等植物也能维持自身生命，那么人类从谷物和土豆等植物中吸收了什么？"

1742 年，一位名叫雅各布·贝卡里（Jacopo Beccari）的意大利学者认为其找到了答案。他从面粉中分离出面筋（gluten），即谷蛋白之一，并断定人体由该物质构成，因为

人通过吃面粉才能存活。

18 世纪，安托万·富克鲁瓦（Antoine Fourcroy）与其他研究者一同发现，蛋白质是一种独特的生物分子，分别来自蛋清、血液、面粉等。

19 世纪初，荷兰化学家赫哈德斯·约翰内斯·米尔德（Gerhardus Johannes Mulder）从动物组织和植物体液中提取出一种共同物质，并发现几乎所有的该物质都有相同的实验公式，生物若离开了这类物质便不能生存。

1838 年，米尔德采纳了其合作者约恩斯·雅各布·贝尔塞柳斯（Jöns Jakob Berzelius）以 protein（蛋白质）来命名的建议。该词源于希腊语 "protos"，原意为"最重要、第一"，以向人们说明这类物质的重要性。

作为生命的物质基础和生命活动的主要承担者，蛋白质存在于人体的每一个细胞、组织和器官中。蛋白质占人体总固体量的 45%，若不计水分，则占肌肉组织的 75%。皮肤、肌肉、毛发、血液以及骨骼等，均以蛋白质为主要构成成分。

比如：人体的头发、指甲和动物的羽毛主要由角蛋白（keratin）构成，不溶于水，具有很强的抗牵张性能，以在动物体内发挥保护和支撑作用；皮肤则主要由胶原蛋白（collagen）和角蛋白构成，其中胶原蛋白能维持皮肤和组织器官的形态和结构，使皮肤保持结实而富有弹性。此外，人体中的一些活性物质，包括酶、激素、抗体均由蛋白质组成，生命的存在无法离开蛋白质。

一方面，蛋白质是人体的主要组成成分；另一方面，人体的生命现象和生理活动都需要通过蛋白质来实现。人体中蛋白质的主要功能如下：

催化功能　例如，人们在嚼米饭和馒头时会感到有甜味，原因在于唾液中含有淀粉酶，可将食物中的淀粉催化水解成麦芽糖（maltose）。

运输功能　在血液中，小分子由血浆白蛋白（albumin）负责运送，而氧气和二氧化碳等由红细胞中的血红蛋白（hemoglobin）负责运送。

防御功能　抗体（antibody）属于高度专一的蛋白质，其能辨别和结合那些侵入生物体的外来物质，包括异体蛋白质、病毒和细菌等，消除这些物质的有害作用，使人具备抵御疾病和外界病原侵入的能力。

调节功能　例如，作为机体内唯一降低血糖的激素，胰岛素（insulin）能够促进糖原、脂肪、蛋白质合成。

除此之外，蛋白质是机体生长发育的基本元素，具有营养生长功能，如大豆、花生、小麦等这些植物种子中的蛋白质，还有动物肉类、奶酪等多种蛋白质，都是供生物生长的必备之物。蛋白质被誉为"生命之本"。

某些蛋白质，还因具有毒素功能可作为动物攻击敌人、保护自身的重要武器。例如：毒蛇从毒腺中分泌出来一种富含蛇毒蛋白质的液体，可置猎物于死地；工蜂可分泌出富

含芳香气味的蛋白质透明液体，主要用来在受到威胁时保护自己。

大部分动物毒素都是蛋白质，侵入机体后即可引起生物机能破坏。例如：可阻断神经兴奋的传递导致呼吸衰竭；作用于毛细血管，引起血管破裂，导致局部或全身出血症；引起严重的肌肉坏死等，致使人畜中毒或死亡。

第二十一章
绷带里的奇妙物质

　　1868 年某个寒冷的清晨，德国蒂宾根大学的一个实验室里投射出微弱的灯光。在难闻的气味中，有一个身影来回忙碌着，他就是名叫弗里德里希·米舍（Friedrich Miescher）的瑞士科学家。

　　博士毕业后，年仅 25 岁的米舍在学校的细胞化学实验室中开展研究工作。为了获取实验材料，他从附近的医院里收集了大量外科手术绷带，而正是这些手术绷带拉开了遗传物质研究的序幕。

　　米舍一丝不苟地用稀释的硫酸钠（Na_2SO_4）溶液洗涤着绷带，使手术绷带上的脓细胞与脓液中的血清等其他物质分开，以保持细胞完好无损。当时人们普遍认为脓细胞核主要由蛋白质构成；然而，他却发现，在留存的细胞核中有一种含磷量远远超过蛋白质的有机酸。

　　两年过后，又有科学家在酵母和其他细胞中发现了类似的物质，米舍的研究工作得到了证实。

1871 年，科学史上首篇有关核酸的论文发表了，这成为遗传学划时代的里程碑。由于这类新物质只来源于细胞核，米舍将它命名为"核素"。后经证明，核素拥有很强的酸性，故改名称其为核酸（nucleic acid）。

然而，当时上述重大发现并未获得关注。直到 1967 年，人们才从真正意义上意识到生命的遗传物质是核酸，并破译了核酸密码。

与蛋白质相同，核酸也是生物大分子，是生命的基本物质之一。此外，核酸不仅是所有生物细胞的基本成分，还在生物体的生长、发育、繁殖、遗传及变异等重大生命现象中发挥主导作用。

核酸的基本单位由核苷酸组成，核酸大分子可分为两类：核糖核酸（ribonucleic acid，RNA）和脱氧核糖核酸（deoxyribonucleic acid，DNA）。二者都是生物遗传信息的携带者，可以保证将遗传特性传给下一代，即人们常说的"种瓜得瓜，种豆得豆"。

关于遗传信息传递方向，弗朗西斯·克里克（Francis Crick）于 1958 年提出了"中心法则"。它是遗传信息在细胞内的生物大分子间转移的基本法则，指出遗传信息的流向是 DNA → RNA → 蛋白质，即遗传信息从 DNA 转录为 RNA，再由 RNA 翻译成蛋白质。

后来的研究发现，蛋白质也可以协助前两项流程，并参与 DNA 遗传功能的实现。

19 世纪，格雷戈尔·约翰·孟德尔（Gregor Johann Mendel）通过豌豆杂交实验发现了遗传规律，即在生物的体细胞中，控制同一性状（如豌豆株高）的遗传因子成对存在，遗传因子发生分离并分别进入不同的配子中，并随配子遗传给后代。

进入 20 世纪，人类在生命科学方面所取得的最伟大成就，莫过于 DNA 双螺旋结构的发现，凭借其"简洁美"成为现代生物学的标志。詹姆斯·杜威·沃森（James Dewey Watson）和弗朗西斯·哈里·康普顿·克里克（Francis Harry Compton Crick）是这个划时代标志的发现者。

沃森是一位美国遗传学家，克里克是一位英国晶体学家。他们在剑桥大学开启了两人传奇般的合作生涯，并于 1953 年提出了 DNA 的双螺旋分子结构（the double helix molecular structure）。

在该构象中，两条主链如"麻花"一样绕同一轴心以右手方向盘旋，相互平行而方向相反形成双螺旋构型。DNA 的这一结构为其复制的稳定性提供了基本保障。

双螺旋结构的 DNA 是自然界中能够自我复制的生物分子。由于 DNA 的这种精细准确的自我复制功能，为生物体将其祖先的生物特性传递给下一代提供了保证。

每一个见到 DNA 模型的人，都会重复他们激动的话语：美妙如斯，结构永铭。

　　1953 年 4 月 25 日，沃森和克里克的合作研究成果，即 DNA 双螺旋结构的分子模型被刊登在英国的《自然》杂志。DNA 双螺旋结构的发现，开创了分子生物学（molecular biology）的新时代，它使生物大分子的研究跨入了一个崭新的研究阶段，并使遗传学的研究深入分子层次，从而迈出了解开"生命之谜"的重要一步。

　　1962 年，沃森、克里克和威尔金斯被授予诺贝尔生理学或医学奖。

第二十二章
微观世界的精灵

在很长的一段时期内，人类都需要凭借肉眼来观察世界上的各种事物。然而，人眼能够看到的物体最小尺寸只有0.1毫米左右。

1610 年，根据望远镜倒视时可放大物体的特点，伽利略发明了显微镜，并用以观察昆虫。自此以后，有越来越多的人自制显微镜，其中就包括英国物理学家罗伯特·胡克（Robert Hooke）。

1665 年，胡克把一小块干净的软木光滑薄片放到显微镜下观察时，发现该薄片像蜂窝一样充满孔洞。他把这些小孔称作细胞（cell）。虽然胡克当时所观察到的只是残存的植物细胞壁，后世的科学家仍将他作为细胞发现第一人。

在 17 世纪中后期，荷兰生物学家安东尼·范列文虎克（Antonie van Leeuwenhoek）为人类认识微生物迈出了关键性的第一步。1672 年，他开始利用自制显微镜进行生物细微结构和微生物的观察。他第一个观察并表述了真核生物以及细菌的三种主要形状：球状、杆状和螺旋状。

　　细胞体形微小，大多数细胞直径都只有 10～30 微米，凭借低倍显微镜就可看到。通常来说，细菌等绝大部分微生物以及原生动物（比如草履虫和变形虫）由一个细胞组成，即单细胞生物；而高等植物（如水稻、樟树）与高等动物（如人、老虎）则是多细胞生物。

　　动物细胞一般由细胞膜包裹着细胞核与细胞质构成。细胞核含有遗传物质核酸，细胞质则含有与蛋白质合成有关的核糖体、高尔基体等细胞器。植物细胞除了细胞膜、细胞核、细胞质，还有细胞壁。

　　细胞是生物体基本的结构和功能单位。单细胞生物可独自进行所有的生命活动；而在多细胞生物中，虽然其功能受到整体协调与控制，每个细胞却都有相对独立的生命活动，被誉为"生命之基"。

　　细胞是生命个体进行生长、发育的基本实体。一个多细胞生物即便完成了发育，仍需要生成新的细胞以替代那些陆续衰老和死亡的细胞，保持机体的新陈代谢，或用以修复生物组织损伤。

　　细胞学说（cell theory）的建立首次科学地触及了生命运动的基础过程。

　　作为人体结构和功能单位，人的细胞共约有 40 万亿～60 万亿个，平均直径在 10～20 微米。除了成熟的红细胞和血小板，其他细胞都至少拥有一个细胞核。

红细胞在哺乳动物体内起到的主要作用是运输氧气，而细胞核在这一过程中未体现具体功能，反而会产生能量消耗，"理想"的做法就是弃掉细胞核"轻装上阵"；血小板是从巨核细胞上脱落的细胞碎片，所以无细胞核。

人体最大的细胞是成熟卵细胞，直径约为 200 微米；最小的细胞是血小板，直径只有 2 微米左右。人体细胞的形态多种多样，具体包括扁平状、立方状、棱柱状、杯状、网状、圆球形、长梭形、圆柱形等不同形态，并表现出一系列生命活动现象，即分裂、繁殖、生长、发育、衰老和死亡。

细胞的家族可谓是众星璀璨、耀眼夺目。

有的细胞是像怪物史瑞克般的"庞然大物"，人凭借肉眼就可看见，如未开始孵化的鸟蛋中的蛋黄，最大直径可达 10 厘米，即鸵鸟蛋黄。然而，有的细胞直径仅有 0.1 微米，如原始的细菌，需借助高倍显微镜才能看得见。

构成人体的细胞可被区分为 200～300 个不同种类，而且不同的种类拥有不同的大小与形状。在人体中，平均每分钟就有 1 亿个细胞死亡。

根据细胞代数学说，即细胞分裂次数学说，每 2.4 年人体细胞将更新一代。经实验进一步证明，在培养条件下，人体细胞平均可培养 50 代。由此推算，人的理论平均寿命可达到 120 岁。

血液中有的白细胞的寿命仅为几小时，如中性粒细胞

（neutrophilic granulocyte）从骨髓进入血液后，仅停留 6~8 小时，便移至血管外，并在 1~2 天内凋亡；肠黏膜细胞（intestinal mucosal cell）能够存活 2~3 天；肝细胞（hepatocyte）的寿命为 150 天左右；神经细胞（neurocyte）的寿命最长，如脑与骨髓里的神经细胞能存活几十年，几乎等于人体寿命。

大脑神经细胞神经冲动的传递速度相当于波音 777 型喷气式飞机巡航速度的一半，超过 400 千米/小时。脑细胞（brain cell）的特征是，一经发育完成后，便处在一种连续不断地死亡且永不复生增殖的过程，死一个就少一个，直至消亡殆尽，衰老就由此一发而不可收拾。

第二十三章
生命边缘体

有生命存在的地方，就有病毒存在。首个细胞出现时，病毒很可能就已经存在了。病毒并不像恐龙那样可形成化石，难以从外部参照物来研究它的进化过程，此外，其多样性显示它的进化很可能是多条线路。因此，病毒的具体起源时间还无法获知。

当前，关于病毒起源的假说主要有三种。

逆向假说（regressive hypothesis） 病毒可能曾是一些在较大细胞内寄生的小细胞。随着时间的流逝，渐渐丢失了那些在寄生生活中非必需的基因。这一理论又被称为退化理论（degeneracy theory）。

细胞起源假说（cellular origin hypothesis） 病毒可能是由从细胞的基因中"逃离"出来的 DNA 或 RNA 所进化而来的生物体。这一理论有时也被称为漂荡假说（vagrancy hypothesis）。

协同进化假说（coevolution hypothesis） 病毒可能是由

蛋白质和核酸复合物进化而来的，和细胞同时出现于远古时期的地球，此后一直依赖细胞生命存活到现在。这一理论又被称为病毒先于细胞起源假说（the virus first hypothesis）。

关于地球生命的起源，科学界有许多假说，其中一种就是"生命起源于病毒"。因为一些学者认为，病毒是最简单的前细胞生命类型，同时它留下了足够的信息孕育出生命。

病毒拥有基因，和其他生物体一样，能通过自然选择而进化，还能通过自行组装来实现复制，因此其常被描述为"处于生命边缘的生物体"。

然而，尽管病毒拥有基因，但它没有细胞结构，不能独立生存，需要依赖宿主细胞以助其实现复制和繁殖。病毒是微生物中最小的生命实体，必须待在活细胞中过寄生"生活"，因此各种生物的细胞便成为病毒的"家"。

从禽流感到人们所害怕的乙型病毒性肝炎、艾滋病，再到闻之丧胆的 SARS、MERS 和埃博拉出血热，均是由微小的病毒所引起的传染性疾病。

病毒只能借助电子显微镜，而无法通过肉眼观察，因此有关病毒的来源、生活史以及如何感染宿主细胞等方面的研究都困难重重，进而对病毒本质的认识所面临的困难则更多。

1935 年，一位名叫温德尔·梅雷迪思·斯坦利（Wendell Meredith Stanley）的美国生物化学家，从感染了烟草花叶病

的植株的提纯汁液中，析出了一种蛋白质晶体，其经过溶解后仍能保持致病性。由此，他认为病毒是一种蛋白质。

然而，这个观点并未被所有的病毒学家所接受，原因在于烟草花叶病毒的提纯液及晶体中还含有相当一部分的硫和磷，这两种元素是组成核酸的主要元素。后来，科学家们通过大量实验，得出了病毒是由蛋白质和核酸两部分组成的结论。

1936年，科学家们经过反复实验获得了更重要的认识，即核酸是病毒感染、致病及复制的主体；同时，还证明了一种名为 T 噬菌体（T phage）的病毒侵入细菌内部的是其核酸 DNA，而留在细菌外壁的是其蛋白质外壳。

经更深入的研究，科学家发现除含有核酸和蛋白质外，某些病毒还含有一定量的脂类物质及糖类。

病毒比细胞小，但比大部分生物大分子要大，生活繁殖于细胞内。作为大分子，病毒显得过于复杂；作为生物体，病毒显得过于简单。

一般的病毒由核酸和蛋白质外壳两部分组成。核酸处于病毒体的中心，在病毒的复制、遗传和变异过程中提供遗传信息；蛋白质外壳包围在核酸外面，其功能是病毒粒子的主要支架结构和抗原成分，能介导病毒与宿主细胞结合，且有保护核酸等作用。

病毒外壳由蛋白质或脂蛋白构成，所包裹的一种核酸或

为 DNA，如乙型肝炎病毒和噬菌体；或为 RNA，如流感病毒和埃博拉病毒。

类病毒（viroid）只含有核酸而没有蛋白质，如导致黄瓜白果病和椰子死亡病的类病毒。朊病毒（prion）甚至只有蛋白质而没有核酸，如在英国乃至全球引起一场空前恐慌"疯牛病"的就是朊病毒。

第二十四章

细胞"加工厂"

　　人类这样的复杂多细胞生命体,由运动系统、呼吸系统、消化系统等多种系统组成。系统是由能够完成一种或几种生理功能的多个器官按一定次序组合而形成,如消化系统由包括口腔、咽、食道、胃、肠等在内的消化道和消化腺组成。

　　不同的组织一起构成执行同一功能的器官,如眼、舌、肺、胃等。譬如,胃作为消化系统中的一个消化器官,主要作用是蠕动消化,所以它主要由肌肉组织(平滑肌)构成,也有上皮组织(胃的表面)、结缔组织(血液)和神经组织(感受疼痛)共同组成器官。

　　人类这样的多细胞生物含有数十万亿个细胞,其中形态功能相同的细胞集合形成组织,如上皮组织、结缔组织、肌肉组织、神经组织等。也就是说,细胞组成了有机体形态,实现生物功能。

　　作为生命基本单位,细胞是微小的。深入微观的世界,作为结构和机能整体,细胞是更小的生物分子集合体,有机大分子如核酸、蛋白质、多糖、脂类等以一定的数量和精密

的方式，组成具有一定形态与功能的亚细胞结构（细胞器），如线粒体、核糖体等。

一个完整的细胞由各种细胞器构成。在活细胞内部，大量复杂的生化代谢活动时刻在进行。如果把细胞视为一座"加工厂"，各种细胞器和生物大分子就像其中的一个个"车间"。"车间"井井有条、共同运作，保证质量、准确无误地执行各种功能，维持这座"工厂"的运行。

控制中心：细胞核　细胞核是存在于细胞中的封闭式膜状胞器，内部含有细胞中的大多数遗传物质 DNA 和 RNA。作为细胞的控制中心，细胞核在细胞的代谢、生长、分化中发挥关键作用，是遗传物质的主要存在部位。"龙生龙，凤生凤，老鼠的儿子会打洞。"这些遗传的结果，其实都是细胞核在起作用。

动力车间：线粒体　线粒体普遍存在于植物细胞和动物细胞中，通常均匀地分布在细胞质基质里，但在活细胞中能自由移动，往往在细胞内新陈代谢旺盛的地方比较集中。据研究，飞翔鸟类胸肌细胞中线粒体的数量显著多于不飞翔的鸟类。这是因为鸟类在飞翔时耗费大量的动力，需要线粒体源源不断地"制造能量"。一般情况下，动物细胞比植物细胞拥有更多的线粒体。此外，线粒体还是活细胞进行有氧呼吸的主要场所。

养料制造车间：叶绿体　叶绿体只在植物细胞中存在。其中分布有光合色素，具有吸收、传递、转换光能的作用，还含有与光合作用相关的酶，是光合作用的场所，所以被比

喻为植物的"养料制造车间"。因为植物大多依赖光合作用而生存，叶绿素是叶绿体中能通过光合作用将光能转化为植物自身能量的色素，所以绝大部分植物叶片都是绿色的。

有机物合成车间：内质网 内质网是细胞内的一个精细的膜系统，在大多数动植物细胞里都存在，并分布于整个细胞基质。其具体负责物质由细胞核到细胞质、细胞膜以及细胞外的转运过程。光面内质网上无核糖体，为细胞内外糖类和脂类的合成和转运场所；粗面内质网上附着有大量核糖体，合成膜蛋白和分泌蛋白。因此，内质网又被称为有机物的"合成车间"。

蛋白质装配车间：核糖体 核糖体没有膜结构，除哺乳动物成熟的红细胞外，细胞中都有核糖体存在。核糖体在细胞中负责完成"中心法则"里从 RNA 到蛋白质这一过程，在生物学中被称为"翻译"。它是细胞内合成蛋白质的场所，被形象地比作蛋白质的"装配车间"。

蛋白质加工车间和发送站：高尔基体 这个高尔基可跟写《海燕》的苏联作家高尔基没有关系。高尔基体是意大利医生高尔基首次在神经细胞中发现的。它普遍分布于动植物细胞中，与细胞的分泌物形成有关，自身虽无合成蛋白质的功能，但可以对蛋白质进行加工和运转，被喻为蛋白质的"加工车间"和"发送站"。

细胞器间是如何协调配合工作的呢？

以人体的消化功能为例，消化器官（如胰脏）中细胞的

细胞核发出制造消化酶（蛋白质）的指令，其中的 DNA 就像是电脑设计图纸，细胞依据 DNA 模板，转录出 mRNA（信使 RNA），mRNA 是携带遗传信息并能指导蛋白质合成的一类单链核糖核酸。

mRNA 经核孔进入细胞质与核糖体结合。核糖体可依据 mRNA 模板，利用细胞质基质中的"零件传送器"——转运 RNA（tRNA）运送的氨基酸分子合成多肽链；在糙面内质网这一"合成车间"内，肽链盘曲折叠构成蛋白质，接着糙面内质网膜会形成一些小泡，这些小泡就像工厂里的"传送带"，包裹着蛋白质并将其运送到"加工车间"高尔基体。

蛋白质进入高尔基体进行进一步的加工之后，高尔基体膜再形成一些小泡"传送带"，包裹着最后形成的消化酶，运输到细胞膜处，小泡与细胞膜接触，消化酶就分泌到细胞外了。整个过程由线粒体提供能量。消化酶分泌到细胞外后进入消化道，参与人体的消化作用。

许许多多的细胞器"通力合作"，在人体"不知不觉"中完成了一项项生命"系统工程"。

第二十五章
生物密码

亘古不变的时空舞台演绎着如梦似歌的天地玄妙，充满着真真假假的千古谜团，而生命是这些谜团中最引人注目的一个。无论是大到海洋中的鲸鱼，还是小到看不见的病毒，世间万物总在不断繁衍，生生不息。

春回大地，万物复苏，则桃红柳碧、草长莺飞；夏日骄阳，沃野千里，又孕育果实、生机勃勃；暮秋已至，百草凋零，则归雁南飞、黄叶落地；寒冬来临，万籁俱寂，又飞起玉龙、周天寒彻。

我们肉眼能看到的一切有机生命的兴荣衰替，实则都是由看不见的细胞完成的。细胞是这一切生命活动的基础。不仅是植物和动物，人们的喜怒哀乐、生老病死也与细胞内的生命活动息息相关。

生命是从上一代向下一代不停传递的连续过程，是一个不断更新、不断重新开始的历程。在这个历程中，不仅仅是物质的传递，同时也是信息的传递。细胞传递就是基本的生命传递。

人体通过细胞的更新换代来维持生长、发育、生殖，以及损伤后的修补。细胞的繁殖是通过细胞的分裂来实现的，始于其母细胞的分裂，终于其子细胞的形成，或是其自身的消亡。

细胞周期是指从一次细胞分裂形成子细胞开始，到下一次细胞分裂形成子细胞为止所经历的过程。通常将子细胞形成作为一次细胞分裂结束的标志。在此期间，细胞的遗传物质复制并平均分配给两个子细胞。

细胞的繁殖方式有多种。

二分裂　细胞分裂时，DNA 分子复制为二，细胞膜和细胞壁将细胞质分成两半，形成两个子细胞。例如蓝藻、各种细菌等。二分裂主要存在于原生动物和单细胞生物。

有丝分裂　细胞分裂时由纺锤丝牵引复制好的染色体往两边运动，这种完成细胞分裂的方式叫有丝分裂。例如洋葱根尖细胞。有丝分裂普遍存在于高等动植物。

无丝分裂　一部分真核生物的部分细胞不产生纺锤体，而是细胞核和细胞质直接分裂形成两个子细胞。例如蛙的成熟红细胞。无丝分裂在植物中较常见。

减数分裂　生殖细胞在分裂时，染色体只进行一次复制，细胞连续分裂两次，最后遗传物质减半的一种细胞分裂。例如人的卵母细胞和精母细胞。减数分裂是有性生殖生物细胞的特殊分裂过程。

一些特殊生物，例如酵母菌，可有二分裂、有丝分裂、无丝分裂、出芽生殖和孢子生殖等多种繁殖方式。

第二十六章

解码高手

病毒没有细胞结构，自身不能进行复制，只能寄生在活细胞里，借助细胞的复制系统，按照自身携带基因的指令复制新的病毒。例如，人类免疫缺陷病毒（HIV）把免疫系统中非常重要的 T 淋巴细胞作为主要宿主细胞，利用细胞中的酶和生命物质大量复制病毒粒子。

通常，病毒的生命周期有六个过程，分别为吸附、侵入、脱壳、生物合成、组装和释放。

（一）吸附

吸附，这一过程是病毒能否成功感染宿主细胞的关键第一环节。

典型的病毒由核酸和蛋白质衣壳构成，有些病毒在衣壳表面还有一个包膜，因此可大致分为包膜病毒和无包膜病毒。包膜病毒一般通过其包膜上的糖蛋白来吸附于细胞膜受体，而无包膜病毒则通常凭借衣壳蛋白或突起吸附于细胞膜受体。

人类免疫缺陷病毒属于前者，有几十个突出的 gp120 "探头"分布在其包膜上，"探头"上充满了糖分子。人类免疫缺陷病毒就是通过利用这些糖分子作为"糖衣炮弹"来达到"行骗"的目的。

面对这个"不速之客"，T 细胞膜上专门判断外来者是"友"还是"敌"的 CD4"受体"，将穿着"糖衣炮弹"的病毒误以为是人体的正常细胞，从而将"受体"前端与 gp120"探头"相结合。于是，人类免疫缺陷病毒通过裹着糖分子欺骗 T 细胞的意图得以实现，从而获得了"溜进"细胞内部的机会。

（二）侵入

病毒拥有多种进入宿主细胞的方式，大致可分为注射式侵入、细胞内吞、膜融合以及其他特殊的侵入方式。

注射式侵入一般为有尾噬菌体的侵入方式，即通过尾部收缩将病毒衣壳内的 DNA 基因组"注射"进宿主细胞内。

细胞内吞则是常见的动物病毒的侵入方式，即通过细胞膜内陷形成吞噬泡，使病毒粒子进入细胞质中。无包膜病毒多采用这种方法，如腺病毒。

包膜病毒的核酸一般经包膜和细胞膜的融合而进入细胞。例如，人类免疫缺陷病毒吸附宿主细胞后，会启动一系列的病毒膜蛋白构象变化，并与宿主细胞膜相融合，宿主细胞膜就相当于"融解"开了一个口子，人类免疫缺陷病毒的

遗传物质和蛋白质外壳等此时便可一同进入宿主细胞。

（三）脱壳

与细胞膜融合时，人类免疫缺陷病毒的包膜即已"脱掉"。

成功"劫持"细胞后，人类免疫缺陷病毒就会反客为主，将细胞变为自己的加工厂。细胞中的溶酶体（一种细胞器）酶被拉来为"敌军"服务，这种蛋白质可以帮助人类免疫缺陷病毒进一步打开外壳，释放遗传物质。

（四）生物合成

此时，细胞中的"生产设备"已开始不分敌我，开足马力，大量复制病毒核酸和生产病毒蛋白质。

人类免疫缺陷病毒属于核糖核酸（RNA）病毒，只有一条RNA，不能自主复制，它必须借用宿主细胞的DNA才能复制。

病毒RNA被释放到细胞中后，在逆转录酶的作用下，会迅速进入细胞核逆转录合成DNA，把自己与宿主细胞核的DNA整合为一体，随着宿主细胞的复制而不断复制。

细胞中的"蛋白质装配车间"核糖体也开始不断生产病毒蛋白质，经高尔基体再加工后，组装为人类免疫缺陷病毒衣壳用来包装新的病毒粒子。

（五）组装

遗传物质和衣壳均准备完毕后，病毒开始在细胞内进行组装。人类免疫缺陷病毒的衣壳装配发生于包膜上，因此可从细胞内质网膜或细胞膜上获得病毒包膜结构。

（六）释放

人类免疫缺陷病毒粒子释放时，在细胞膜胞质侧向外顶出形成芽状。细胞膜包裹着病毒衣壳，病毒离开细胞时就可以获得相应的包膜，最终形成成熟的下一代人类免疫缺陷病毒颗粒释放出去。

因为病毒自身缺乏完整的酶和能量系统，所以它必须严格依赖宿主细胞的代谢系统复制自身核酸、合成蛋白质并装配成完整的病毒颗粒。在病毒的整个生命周期中，它自身仅提供核酸模板和少量的酶，其余的生存和复制的必需物质和能量均来自于细胞。

该系列过程极大地破坏了免疫细胞，在"掠夺"完感染细胞后，获得释放的人类免疫缺陷病毒又去攻击其他细胞。由于丧失了抵抗和消灭外来入侵者的能力，同时亦不能清除体内感染的细胞，各种疾病和症状便接踵而至，患者因此而死亡。

对抗人类免疫缺陷病毒，或许注定是一场持久战。

第二十七章
"双子座"

世间万物，从古至今，新陈代谢，从未停息。在生物圈的物质循环和能量交流中，病毒同样扮演着关键的角色。

自然界病毒的数量十分庞大。如果将一只普通的玻璃杯灌满海水，其中大约盛着上百亿个病毒，而整个大海里病毒的数量更能达至 10^{30} 数量级。若将整个地球上的病毒前后相接连成一条直线，即使是以 3×10^8 米/秒的光速也需要花上 2 亿年的时间才能从头跑到尾。

在不同的物种之间，病毒还发挥着基因递送（gene delivery）的功能。这些基因的传递也是生物系统进化的重要方式。据估计，仅仅海洋中的病毒，每年就能在不同物种间完成 10 000 万亿个基因的传递。

病毒的基因多样性大大超过所有其他生物基因多样性的总和，因此它们是地球上基因库的关键储存者。随着现代基因测序技术的发展，科学家发现人类的基因组中竟然有 10 万条片段来源于病毒，这类基因片段占据人类所有基因组的 8%。

在人体肠道中，还有与人类息息相关的一大群生命组，就是肠道微生物。这些看似细微的生命体在我们肠道中生存，并和各种生理功能密切相关。在人体消化系统中，肠道不仅仅是营养吸收和能量转化的重要器官，同时发挥了机体防御的重要作用。

成人的肠道中，微生物数量一般可达 10^{14} 个，为人体自身细胞总数的 10 倍，而其中微生物所包含的基因数目约为人的基因的 100 倍。

许多微生物在参与人体的生理代谢过程中，发挥了非常重要的作用。其中，某些特殊微生物种群所具备生物学功能，对人类生理正常运转非常关键。这些微生物被称为"微生物组"（microbiome）。

在人类肠道中寄存着的病毒种群，如同肠道微生物一样，通过群组功能及其相互作用影响着人体的生理代谢过程，在维持身体健康和对抗感染疾病等方面发挥效应。这些病毒被称为"病毒组"（virome）。

人体肠道里存在的病毒比细菌的数量还多，除通过制约细菌来帮助我们保持肠道菌群的平衡以外，可能还具有直接的益生作用。此外，人类还可以利用噬菌体制造药物应用于临床治疗。因此，对人类而言病毒的作用不容忽视。

在婴幼儿的肠道中，微生物菌群将有助于个体的发育。人类常常在这一发育时期，被呼吸道和肠道病毒所感染；同时，这一现象也伴随着人类机体免疫系统的发育进程。从另

一个角度来看，或许这些病毒的感染也是机体防御机制不断成长和完善的过程，使人体提升自身的免疫功能，以应对未来可能来袭的更强的细菌或病毒。

研究发现，小鼠被小鼠诺如病毒（murine norovirus，MNV）感染后，可以修复炎症造成的组织损伤，帮助恢复肠道的防御功能。这表明在小鼠肠道中，病毒和细菌之间的相互调节作用。在一些动物体内携带的细菌或病毒，不会使得宿主自身产生疾病，在某种程度上，它们还会维持机体的正常代谢，有益于宿主动物维持健康。

一种被称为 Pegivirus C（GBV-C）的病毒，最初是在一例急性肝炎感染的患者体内发现的。这种病毒并不单独引起疾病，许多人都持续性感染这种病毒。估计全球约有 7.5 亿人携带这种病毒，或许还有更多人曾经被感染过，体内有对抗这种病毒感染所产生的抗体存在。对于这种病毒感染机制的研究，有可能对阻断人类免疫缺陷病毒对人体细胞的感染提供思路。

在生态系统的平衡中，病毒也发挥着不可小觑的作用。

海洋中每天几乎有一半的细菌会被病毒杀死，并释放出数十亿吨碳供给其他生物使用。这一过程也是大自然碳循环的关键组成部分。

碳循环是指碳元素在大气、海洋及生物圈之间转移和交换的过程。生物圈中的碳循环主要表现在绿色植物从空气中吸收二氧化碳，经光合作用（photosynthesis）转化为葡萄糖

（glucose），并放出氧气。氧气是人类生存必不可少的物质，葡萄糖是生物能量来源，由此可见碳循环的重要性。

另外，生活在海洋中的聚球藻承担着地球上约 25% 的光合作用，为地球提供大量氧气。它们进行光合作用的蛋白质部分基因也来自于病毒。病毒基因编码的蛋白质参与了地球上约 10% 的光合作用。

"温室效应"等现象会带来许多严重恶果，比如全球气候反常、海洋风暴增多、海平面上升、沙漠化面积增大等。在维持大气中氧气和二氧化碳等气体的平衡中，藻类和细菌起到重要的作用，病毒则通过控制二者的数量来间接地影响着全球气候。

作物病虫害每年在全世界造成的经济损失高达 1 230 亿美元。为了应对病虫危害，化学农药的使用不断加量，导致害虫抗药性逐步提升。随之而来的另一个问题是，超量及高毒农药的使用危及食品安全。

在这样的恶性循环中，农药用量成倍增加。一些害虫的抗药性竟达到了惊人的程度，许多化学农药成品原药浸泡都伤害不了它们。在东南亚的一些地区，几乎对此类抗药害虫"无药可治"。如何发展能替代或部分替代高毒化学农药的生物防治剂，是解决这一问题的关键。

中国科学院张忠信研究团队利用甘蓝夜蛾核型多角体病毒（ *Mamestra brassicae* nuclear polyhedrosis virus，MbMPV）开发的农业杀虫剂，可以防治 32 种农业害虫，对

小菜蛾、棉铃虫、甜菜夜蛾、地老虎、黏虫和甘蓝夜蛾等农业重要害虫有较高的杀虫率和杀虫速度，而对人体和环境相对安全，且杀虫谱广。这种农业杀虫剂已成为昆虫病毒用于农业生物防治的"环保卫士"。

第二十八章
小病毒 大世界

病毒的数量极其庞大，约为人类总数的 10 250 倍。病毒的种类亦非常繁多，目前已知的已超过 5 000 种，而总数可能超过百万种。

如此庞大的病毒种群，如何对它进行区分和命名呢？

早在 20 世纪 60 年代，人们已知道感染脊椎动物、无脊椎动物、植物和细菌的病毒有数百种，但这些病原体的分类与命名处于混乱状况。1966 年，在莫斯科举行的第九届国际微生物学大会上，成立了国际病毒命名委员会（International Committee on Nomenclature of Viruses，ICNV）。

根据病毒宿主的特性，委员会下设四个小组委员会：动物病毒小组委员会、植物病毒小组委员会、无脊椎动物病毒小组委员会和噬菌体小组委员会。

生命边缘体分类的系统工程开启了，委员会在病毒应如何分类与命名的激烈争论中诞生，也在各种意见分歧的争论中获得发展，目标是寻求一个各种病毒通用的标准体系。

受益于电镜技术的发展，以及病毒分离、提纯新方法的应用，病毒本身结构特征、生物组成的研究渐渐得到重视。这使得其分类向自然系统发展。

1970 年 8 月，在第十届国际微生物学大会上，国际病毒命名委员会的第一次报告，将当时了解得比较清楚的 500 多种病毒分为两大类：DNA 病毒、RNA 病毒。

从 1971 年至今，病毒命名与分类的工作不断取得进展。其间，为更好地表述委员会的职责，国际病毒命名委员会在 1973 年更名为国际病毒分类委员会（International Committee on Taxonomy of Viruses，ICTV）。

1995 年，国际病毒分类委员会的第六次报告中，将病毒分为三大类，即 DNA 病毒、DNA 及 RNA 逆转录病毒、RNA 病毒。2005 年，国际病毒分类委员会发布了第八次病毒分类报告，在亚病毒感染因子下设类病毒、卫星病毒和朊病毒。

病毒的分类原则一般有稳定性、实用性、认可性和灵活性：稳定性，是指病毒名称及其隶属关系一旦确定下来，就应该尽可能地保留；实用性，是指病毒分类体制应该对病毒学研究领域有用；认可性，是指病毒分类阶元和名称应该为病毒学研究者接受和使用；灵活性，是指病毒分类阶元可以依据某些新发现而进行重新修订和再确定。

病毒的分类主要以病毒粒子特性、抗原性质和病毒生物学特性等作为依据。

根据遗传物质的不同，可将病毒分为 DNA 病毒、RNA 病毒、蛋白质病毒（如朊病毒）。

根据病毒结构的不同，可将病毒分为真病毒（euvirus，简称病毒）和亚病毒（subvirus，包括类病毒、拟病毒、朊病毒）。

根据寄主类型的不同，可将病毒分为噬菌体（细菌病毒）、植物病毒（如烟草花叶病毒）、动物病毒（如禽流感病毒、天花病毒、人类免疫缺陷病毒等）。

根据病毒感染性质的不同，可将病毒分为温和病毒（如人乳头状瘤病毒）和烈性病毒（如狂犬病病毒）。

病毒分类和命名具有国际性和普遍性，适用于所有病毒，分类系统采用目（order）、科（family）、亚科（subfamily）、属（genus）、种（species）分类阶元。病毒种以下血清型、基因型、毒力株、变异株和分离株的名称，由公认的国际专家小组确定。此外，人工产生的病毒和实验室构建的重组病毒在病毒分类上不予考虑，其分类也由公认的国际专家小组负责。

病毒拥有多种形态：球状（包括二十面体），如脊髓灰质炎病毒、疱疹病毒；杆状（包括棒状），如烟草花叶病毒；丝状，如甜菜黄花病毒；弹状，如水疱性口炎病毒；复杂构型，如蝌蚪状的 T 偶数噬菌体；还有些病毒在细胞内呈自然晶体排列。

　　大部分病毒都具有对称的壳体，富有明显特征，主要可分为二十面体对称（如脊髓灰质炎病毒）、螺旋对称（如烟草花叶病毒）和复合对称（如 T 偶数噬菌体）三种。以众所周知而又谈之色变的人类免疫缺陷病毒为例，其形状如同一个"深水炸弹"，球体直径 150 纳米，即便是被放大一万倍也仅有一颗小米粒大小。

微空·斯芬克斯之谜

"当认识你自己的谜题被解开时，狮身人面的斯芬克斯羞愧地坠崖自杀。"

——大自然赐予生命万千变化，病毒是微生物世界的影子，潜伏在人类文明迷宫的深渊里。

Γνῶθι σαυτόν

第二十九章
烟草叶的烦恼

从亚里士多德开始，相当长的时期里西方人一直秉持自生论的观点，即相信生命的起源为非生命物质，而且是以某种方式自发起源的。比如，啮齿动物起源于受潮的谷物，甲虫起源于灰尘，青蛙起源于泥浆。直到显微技术发明之后，人类才具备识别微生物的能力。

尽管成书于东晋时期的《肘后备急方》中就有对天花的记载，但直到 19 世纪末病毒才被逐渐发现和鉴定。人类发现的首个病毒是烟草花叶病毒（tobacco mosaic virus，TMV）。

烟草花叶病是对烟草生长危害非常严重的植物传染性疾病，尤其在种苗生长初期最易感染发病。感染后的烟草植株矮化且生长缓慢，无法正常开花育实，果实即使发育也非常小且有缺陷，不可持续成长。该病能让烟草大幅减产。

引起这种烟草疾病的病原就是烟草花叶病毒。这种 植物病毒分布广泛，感染植株后致病性高。土壤中如果残留有被感染的宿主植物残叶，病毒便可传播。健康叶片一旦出现细微的损伤，就很容易被病毒乘虚而入，所以栽种和培育中

需特别注意卫生防治。

1883 年，德国科学家阿道夫·迈尔（Adolf Mayer）将患有烟草花叶病的烟草叶片加水研磨，再将获得的汁液注射入健康烟草的叶脉，结果后者也得了烟草花叶病。这一实验首次证明了烟草花叶病具有传染性。

1892 年，俄国科学家德米特里·伊万诺夫斯基（Dmitri Ivanovski）重复了迈尔的实验。他从烟草种植园中采集了发病的烟叶，将叶片捣碎后掺水制成浆液，仔细地抹在健康的植株烟叶上。没过多久被涂抹的健康烟叶果然感染了疾病。

到底是什么导致烟叶的感染呢？伊万诺夫斯基实验之前，许多人怀疑烟草花叶病是类似于细菌的微生物感染导致，却一直没有人证实这种病原。这引得伊万诺夫斯基开始怀疑是一种毒素引发烟草花叶病。

于是，伊万诺夫斯基进一步研究发现，患有烟草花叶病的烟叶汁液，通过滤孔比细菌还小的细菌过滤器后，竟然还会导致健康的烟草患病。他提出该感染性物质可能是细菌所分泌的一种毒素，但他没有开展更深层次的研究。

伊万诺夫斯基对烟叶进行烟草花叶病感染实验时，观察并记录了烟草发病的情况。假设是毒素感染的话，那么随着感染的传代，毒素应随之流失和减少，烟草发病的病情也会逐渐减弱。但事实却并非如此，实验中并没有发现传代感染后的烟草花叶病植株，病情有减弱的迹象，甚至还出现了更严重的病例。这一现象表明，这种致病性病原物并非毒素，

而是一种具有感染性且可复制的生命体。

1898 年，荷兰的一位名叫马丁努斯·威廉·贝耶林克（Martinus Willem Beijerinck）的细菌学家重复并验证了伊万诺夫斯基的实验成果。此外，他还证明了在显微镜下是看不到病原物质的。

贝耶林克通过实验揭示了烟草花叶病病原物质的三个特点：首先，它可以通过细菌过滤器；其次，它只可繁殖于感染的细胞内；最后，它无法在非生命物质中生长。贝耶林克提出，该病原物质是一种新的生命形式，而非细菌。

贝耶林克的实验没有显示这种病原物质的颗粒形态，因此他将其称为"有感染性的、活的流质"（contagium vivum fluidum），并渐渐发展成具有现代含义的"virus"。由此，他被认为是病毒学的开创者。

"virus"一词起源于拉丁语，原意为一种动物来源的毒素。该词传到中国后，被译为"毒素"。我国著名微生物学家俞大绂起初将这一词直译为"威罗斯"，后又将其命名为"病毒"，指能致病的毒物。

1898 年，德国细菌学家弗里德里希·奥古斯特·约翰内斯·勒夫勒（Friedrich August Johannes Loeffler）和保罗·奥托·马克斯·弗罗施（Paul Otto Max Frosch）在研究牛口蹄疫时，发现了首个动物病毒，即口蹄疫病毒（foot and mouth disease virus）。他们同时还发现，尽管该病原体可以通过钱伯兰滤菌器（Chamberland filter），却无法通过拥有更小滤孔

的北里滤菌器（Kitasato filter），随之推断这种病毒是颗粒状的，而非液态的。

1935 年，温德尔·斯坦利从一升烟草花叶病植株提取液中，获得了两克稳定的结晶物质。这种晶体在水中溶解后，具有感染烟草植株健康叶片的能力。他由此证实了烟草花叶病毒的存在，并对其理化性质进行了研究和描述。

直到 1939 年，烟草花叶病毒形态才被古斯塔夫–阿道夫·考施（Gustav-Adolf Kausche）运用电子显微镜技术展现出来。它是一种直径 1.5 纳米，长度为 300 纳米的杆状病毒颗粒。此后，科学家进一步研究发现，烟草花叶病毒是由蛋白质包裹的核酸颗粒物质。

在这之后，植物病毒、动物病毒不断被发现，一种导致家蚕脓病的病毒进入了人们的视野。斯坦利实验室对其开展了病毒学研究，阐述了病毒理化性质的稳定性，证明家蚕脓病病毒不以宿主的不同而存在差异。这一发现拓展了人类认识病毒本质的视野。

1957 年，我国著名病毒学家高尚荫带领团队开展家蚕脓病病毒研究，首创单层组织培养方法（mono-layer tissue culture），不仅将病毒在家蚕的各种组织培养成功，并观察到多角体病毒在细胞内的形成和致细胞病变作用。这一成果成为无脊椎动物组织培养和昆虫病毒研究的重大突破。

第三十章
赤道的蚊虫热

1648 年，黄热病首次暴发于墨西哥的尤卡坦半岛。这是根据现有资料记载的估测，而在此之前黄热病应该已存在于加勒比海地区。

1741 年，英国派遣 2.7 万名士兵攻打哥伦比亚，最终却因 2 万人遭黄热病感染而一败涂地。1762 年，英国殖民主义者又率 1.5 万名士兵侵略古巴，其中 8 000 人又因感染黄热病而死亡。

1900 年，黄热病在古巴暴发，导致许多当地人和美国侨民丧命，整个地区陷入疾病的恐慌之中。美军派遣军医沃尔特·里德（Walter Reed）前往开展医疗任务，并提出防控和治疗措施方案。里德率领的医疗小组调查发现，这次疫情暴发不同于普通的传染性疾病，并非通过接触或者空气等途径传播，或许是一种新的病原所引起，并经由特殊的方式传播。

这次疫情中的患病人群都有被蚊虫叮咬的经历。医疗小组经进一步研究，证实疾病是由埃及伊蚊（*Aedes aegypti*）传播病原导致人感染的，而这种病原并非细菌，是一种过滤

性的病毒，即黄热病病毒（yellow fever virus，YFV）。

黄热病病毒是历史上发现的第一个人类疾病病毒，也是首个被证实的通过蚊类媒介传播的急性传染病病毒。为赞誉里德的这支医疗小组的勇气和献身精神，1929 年他们被授予了美国国会金质奖章。

黄热病病毒属于黄病毒科黄病毒属，其主要致病对象为人类和猴子，传播媒介为埃及伊蚊。黄热病流行于非洲和南美洲的赤道附近。感染毒性期黄热病病毒的患者，约有一半会在 10～14 天内死亡。

人被携带黄热病病毒的蚊叮咬后，病毒会与蚊唾液一并射入人体皮下毛细血管中，随后运输扩散至淋巴系统。病毒在体内不断地复制和繁殖，并进入血液循环造成病毒血症，扩散至肝脏、肾脏、脾脏、心脏以及骨髓中，引起人体组织病变，严重时导致死亡。

在丛林中，黄热病病毒的天然宿主是猴等灵长类动物，通过蚊叮咬将疾病传播给人类。在城市中，黄热病病毒传播的主要媒介是埃及伊蚊，通常情况下，控制媒介传播途径，是防控黄热病毒的有效手段。

1930 年，科学家发现黄热病病毒也能够感染小白鼠，这使得对于这种疾病的研究具有了良好的动物模型。人们发现黄热病病毒多次感染动物之后，其毒性也会降低。经过了 7 年的研制工作，黄热病病毒疫苗使得黄热病成为可以预防的传染性疾病。

蚊虫吸血携带黄热病病毒后，经过 4 天即可将病毒再次感染人类。感染黄热病病毒的患者，在发病 3 天左右传染性最强。这便要求人们尤其需要注意防范该病毒的扩散。世界卫生组织的统计数据显示，目前在 47 个国家和地区仍有黄热病流行。2013 年，全球有近 17 万起严重黄热病病例，导致近 6 万人死亡。2016 年，中国确诊了首例输入性黄热病病例。

黄热病会导致破坏性极强的疫情，是全球最危险的传染性疾病之一，是目前世界卫生组织唯一进行强制免疫的疾病。这意味着当入境某个感染地区，或从感染地区出境前往另一个非感染地区时，当事人必须出具有关黄热病免疫接种的证书。

寨卡病毒（zika virus）也是黄病毒属的一种蚊媒病毒。1947 年，通过黄病毒监测网络，首次在乌干达丛林中的猕猴体内分离发现了寨卡病毒。1952 年，在乌干达和坦桑尼亚境内确认了人类也携带寨卡病毒。1964 年，尼日利亚首次发现了人类感染寨卡病毒的病例。

20 世纪 60～80 年代，亚非地区陆续报告了人类感染寨卡病毒的病例。寨卡病毒具有潜伏期，发病症状与其他黄病毒相似，包括全身疼痛和皮疹发热等，并持续 2～7 天时间，主要通过蚊媒传播。

2007 年，密克罗尼西亚暴发了寨卡病毒感染疫情，约 70% 三岁以上的当地居民被病毒所感染。2013 年，法属波利尼西亚暴发寨卡病毒感染疫情，并流行至第二年，共发现

了约 3 万例感染病例。

2014 年，南美洲的智利也出现了寨卡病毒感染病例。2015 年，巴西暴发了寨卡病毒感染疫情，并报道了感染该病毒和小头症的关联性。这一报道随后被研究证实。

自巴西发现寨卡病毒感染确诊病例以来，病毒感染人数已经超过 150 万。到 2016 年初，寨卡病毒已经在南美洲的 23 个国家和地区流行，并在非洲、亚洲、北美洲和太平洋岛屿上的不少于 45 个国家和地区感染传播。

第三十一章
大西洋彼岸的强国崛起

1793 年，美国刚刚获得独立不久，越来越多的人到作为国家临时首都的费城定居和生活。人口数量的激增导致大量的垃圾堆积，各类污水在街道横流。恶劣的卫生条件使得这座城市蚊虫滋生严重，而蚊虫也将黄热病带进了人群中。

感染疾病的人们开始以为是普通的疼痛发热，然而很快身体就会出现发黄的症状，疾病表现出恶化和严重的趋势，甚至发生出血和昏迷状态。死亡的人数开始渐渐多起来，整座城市大约有 1/5 的人口，因为黄热病而减少。人们为了躲避疾病而纷纷离开费城，华盛顿总统也暂时离开首府，国会会议到场人数不足一半，整个城市和国家都处于危急之中。

当时人类对黄热病的认识还停留在历史记载上。黄热病曾经入侵过尤卡坦半岛、古巴等地区，并蔓延至许多地方。后来，这种疾病在美国 30 多个城市相继出现。1878 年，密西西比河下游流域发生的黄热病疫情导致 2 万人死亡。

修建巴拿马运河的过程中，超过 80% 的工人因患黄热病而住院，导致施工不得不暂停。巴西和古巴等国也有 5 万

多人死亡，西班牙也因疾病暴发致使 6 万人死亡。在有文字记录的黄热病暴发初期，由于症状不容易引起重视，加之防治条件有限，病死率达到 12%～38%。

位于加勒比海地区的海地，在 19 世纪以前，分别处于西班牙和法国两个国家统治之下，面积不足 3 万平方公里，却成为全球第一个独立的黑人国家。

1801 年，加勒比海岛国海地颁布第一部宪法。此时，法国的主政者已经换成了拿破仑。这位大革命中走出的独裁者派遣舰队和 3 万人组成的法国远征军，于 1802 年到达海地，试图镇压黑人的反抗。

起初，法军节节胜利，当地人被赶进了丛林之中。在他们身后，25 000 名法军紧追不舍。然而在短短的几周后，法军被迫撤退。此时，25 000 人的军队仅剩下 3 000 人。这一军事行动最终以失败告终，而消灭大部分法军的不是别的，正是黄热病。

这种疾病让人身体泛黄，其名称也因此而来。该疾病潜伏期症状不明显，发作后却能致人昏迷甚至死亡。拿破仑一方面认为黄热病疫情严重的美洲已不适于殖民，另一方面考虑到法英正在打仗，国家财政吃紧，便于第二年把路易斯安那以平均每英亩（1 英亩=0.404 856 公顷）3 美分的价格转让给了美国。

根据两国签订的《路易斯安那购地条约》，美国分两次付款，首笔 6 000 万法郎（1 125 万美元）和第二笔 2 000 万

法郎（375 万美元）。这一大笔经费支持了在欧洲战场作战的法国军队。1805～1807 年，拿破仑击败了奥地利和普鲁士而成为欧洲的霸主。

1803 年的路易斯安那，拥有超过 200 万平方公里的大片土地面积，与当时美国的领土面积相当，其属地范围包括现在美国的密西西比河以西，北达科他州、蒙大拿州以南，怀俄明州、科罗拉多州洛矶山脉以东，以及南部路易斯安那州密西西比河两岸等地区。这次购地为美国朝着大国方向迈进奠定了坚实的基础。

二百年后再回首，一个称霸欧洲的梦想，一个拓展北美大陆的梦想，全都与微小的黄热病病毒交织在一起，不禁令人唏嘘。

第三十二章
细菌追猎者

很多年来，有关病毒的研究始终集中于其在疾病中承担的角色和具备的功能。它们的名称也由此而来，如丙型肝炎病毒和烟草花叶病毒。由于病毒可以导致人生病，科学家们的研究目的主要在于如何防治病毒病。

直到大约一百年前，噬菌体被发现之后，人们对病毒感染范围的认识才得到进一步扩大。除了植物和动物外，细菌也能被病毒感染，并且病毒在某些情况下对人类是有益的。

一个炼钢车间突然发生了严重的生产事故，一位名叫大刚的工人被钢水烫成重伤。在医院救治过程中，他的右腿却突然严重感染了绿脓杆菌（*Pseudomonas aeruginosa*），病情急剧恶化。紧急情况下，医务人员使用他们培养出的一种可以消灭绿脓杆菌的病毒治愈了大刚。

以上这一情节出自一部名为《春满人间》的国产老电影，它以 1958 年我国第一位细菌学博士余贺教授利用病毒成功治愈了遭受绿脓杆菌感染的烧伤病人的事迹为原型而创作。

这种神奇的能"捕食"细菌的病毒就是噬菌体。作为感染微生物的病毒的总称，其名称的由来正是其能引起宿主菌裂解的"噬菌"功能。

1896 年，英国一位名叫欧内斯特·汉伯里·汉金（Ernest Hanbury Hankin）的细菌学家发现水体中存在抗细菌现象，并认为此现象是某种不明物质所导致的。当时的印度暴发了霍乱疫情，然而一件神奇的事情发生了，当地人用恒河的水来治疗霍乱。起初汉金认为这只是民间的传说，或是当地人宗教的信仰寄托，可是眼前一次次地出现的事实让他意识到，可能的确有必要去探究一下真相。

汉金在人们为治疗霍乱而取水的河段采集了恒河的水样。在实验室中，用这些河水对霍乱细菌进行抗菌实验。通过反复地观察和实验，他发现恒河水确实对治疗霍乱有作用。他使用了当时最好的微生物过滤装置，将大部分的细菌过滤出去，过滤后的水仍然存在抗菌作用，但是他却无法搜集到水里的抗菌物质。

1915 年，英国病理学家弗雷德里克·威拉姆·特沃特（Frederick William Twort），在开展实验时发生了细菌污染。在一部分细菌培养物中，他发现了一个特殊现象，就是这些细菌似乎正在被其他某种微生物感染，并出现消亡的迹象。这引起了他的高度兴趣，并决意对这群菌落展开研究。

特沃特把这些"被感染"的细菌挑选出来，放在新的培养基中之后，细菌无法像正常情况下那样生长。他又把这些细菌接种到正常生长的菌落中，发现这竟使得这些被接种的

细菌也产生了消亡的现象。

他又把特殊的细菌群落内含物，高倍稀释后用过滤器过滤，发现这样得到的含未知物质的溶液，仍然可以杀死正常的细菌。对这一现象他的解释是，一种酶杀死细菌，这种酶在细菌体内可以产生和释放。

在当时的条件下，特沃特并没有发现这种抗菌的物质到底是什么。他遭遇了这一时期很多科学家遇到的相似困惑，因技术条件限制而无法证实病毒的存在。似乎，噬菌体的发现还在等待着某个时刻。

1917 年，法裔加拿大科学家费利克斯·德雷勒（Félix d'Hérelle）也发现了可感染细菌的病毒，并将其称为噬菌体（bacteriophage）。这种新生命物质的概念被最终确定，源自于他对一次临床的感染的研究。

当时，法国的一个骑兵队发生了严重的痢疾感染。通过样品采集，德雷勒很快就发现引起这种传染病的病原是一种志贺氏菌，又称为痢疾杆菌。他发现从一名患者体内分离的志贺氏菌群落有细菌消亡的溶解现象，在菌落中逐渐出现了圆斑形态的空白。于是，德雷勒高度关注这名骑兵的病愈情况，并跟踪开展临床试验。

德雷勒证实了自己的推测，并提出这种具有感染和杀菌功能的物质，就是一种新的生命体——噬菌体。通过研究，他还发现噬菌体必须吸附细菌后，才能继续完成感染宿主的生命周期。通过噬菌体对不同细菌和细胞的感染实验，德雷

勒提出噬菌体具有一定的宿主特异性，并描述了噬菌体被宿主细胞释放的生物学过程。

德雷勒分别在鸡的霍乱、人的痢疾、腺鼠疫上用噬菌体进行治疗试验，均实现良好的效果，证实了噬菌体可用以治疗细菌病。德雷勒成功地推测出，噬菌体可通过过滤，并持续繁殖，消灭新的细菌细胞。使用该方法他成功地治愈了痢疾病人。

直到 1940 年，噬菌体才第一次被电子显微镜捕捉到，从而进一步证实了其存在。噬菌体也是病毒的一种，在病毒界是分布最为广泛的群体，几乎是哪里有细菌，哪里就有噬菌体，自然土壤和动物肠道等都有许多噬菌体的存在。

噬菌体的这种"噬菌"的特质，正是对抗细菌感染的一个新思路。抗生素作为人类最重要的医学发现成就，几乎将致病细菌逼入了绝境；然而，随着抗生素耐药性菌的出现，特别是抗生素滥用导致的健康和环境威胁，抗生素的效能出现衰弱。噬菌体为人类战胜细菌性疾病又开辟了新的征途。

在农业和养殖畜牧业中，水产、禽畜常常因细菌感染发生腹泻，严重时会导致大量动物被传染并死亡。这主要是由沙门氏菌或大肠杆菌等导致。养殖动物如果感染了耐药细菌，常规的抗生素治疗就很难发挥作用。通过特异性的噬菌体治疗，可以有效治疗和控制动物疫病，并且具有环境友好的生物防治功效。

噬菌体在医疗健康领域更是大显身手。2015 年 11 月，

美国精神病学教授汤姆·帕特森（Tom Patterson）和他妻子在埃及游览观光。如同普通的游客一样，他们饶有兴致地度过了许多天。结束金字塔的行程后，他忽然感到腹部剧烈疼痛，连进食都感到困难。作为一名医生，帕特森的妻子斯蒂芬尼·斯特拉思迪（Steffanie Strathdee）推测可能是胰腺炎引起的症状，于是马上将他送进了位于开罗的医院，随后又转移到德国法兰克福的医院中。通过医学检查发现，导致他感染的细菌竟然是鲍氏不动杆菌（Acinetobacter baumannii）。

这是一种广泛存在的细菌，会引起呼吸道感染、菌血症等疾病，极易产生抗生素耐药性，是"超级细菌"名单中在列的病原体。尤其是，近年来的抗生素滥用，导致其耐药性越来越强，十分不好对付。

帕特森被转移回国后已经几近昏迷。尽管尝试了各种抗生素治疗，却没有细菌被制服的迹象出现。他的身体每况愈下，医生们一筹莫展。这时，在他妻子的建议下，他们决定尝试接受噬菌体疗法，尽管之前这一方案仅在动物实验中使用，这个大胆的决定还是得到了医疗机构的认可。

2016 年 3 月，静脉注射噬菌体后，帕特森终于从昏迷中睁开了眼睛。噬菌体仅用 48 个小时就唤醒了已经沉睡了两个月的患者。经过一段时间抗感染治疗和康复，帕特森一家终于渡过了这次惊心动魄的"超级细菌"之劫。

第三十三章
"谍"海波澜

2008 年，在诺贝尔奖评审委员会发布的新闻公告中写道：哈拉尔德·祖尔·豪森（Harald zur Hausen）敢于摒弃教条，他所做出的探索性工作，让人类了解了人乳头状瘤病毒与宫颈癌的关系，促进了针对人乳头状瘤病毒的疫苗开发。

人乳头状瘤病毒（human papilloma virus，HPV）结构简单，是一种 DNA 病毒，属于乳头瘤病毒科乳头瘤病毒属。它只有蛋白衣壳这一外衣和被其包裹的核心构成，小型双链环状的 DNA 就居于核心中。

1949 年，人们首次在电镜下观察到人乳头状瘤病毒颗粒的真身。它呈现为二十面体对称的球形，直径为 45～55 纳米，大约是头发丝直径的千分之一。

人乳头状瘤病毒感染人体的表皮与黏膜组织，目前约有 130 多种类型被判别出来。有时人乳头状瘤病毒入侵人体后会引起疣甚至癌症，但大多数时候则没有临床症状，因此在病毒发作的初期，常常被人们所忽视，只作为低致病性病原引起的普通疾病。

根据致病性的强弱，人乳头状瘤病毒被分为高危型和低危型两类，分类的标志便是致癌能力。看似引起一般性感染的人乳头状瘤病毒，却是宫颈癌的致病病毒。15 种高危型人乳头状瘤病毒，会导致高度子宫颈上皮内瘤变和宫颈癌，豪森发现的 16 型和 18 型就赫然在列。

1960 年，豪森毕业于杜塞尔多夫大学并获得博士学位。自走上从医之路，他便对传染病和微生物学兴趣浓厚，并且非常关注医学和科技进展。他曾说：那些难题太让我着迷，我想知道是什么引起了传染病。

1972 年，豪森成为埃朗根–纽伦堡大学病毒学教授。当时，科学家普遍认为单纯疱疹病毒 2 型（HSV-2）能引发宫颈癌；而他逐渐怀疑人乳头状瘤病毒才可能是元凶。

豪森在 1977 年成为弗赖堡病毒研究中心主任，对宫颈癌临床医学的长期关注，使他意识到人乳头状瘤病毒或许隐藏得很深，并不像其他病毒可以明显地致病并引发症状，病毒的感染和复制也是普通水平。

通过对病毒进行遗传学分析，豪森十年追踪，终于从各种类型的人乳头状瘤病毒中确证了他的怀疑。他在宫颈癌组织的临床病理切片中，找到了人乳头状瘤病毒遗传信息DNA 的证据。

1983 年，豪森的研究团队发现了可致癌的 16 型人乳头状瘤病毒（HPV 16）。1984 年，他们从患者的宫颈癌组织中克隆了 16 型和 18 型人乳头状瘤病毒，该疾病的疑团渐渐被

破解。16 型人乳头状瘤病毒在半数宫颈癌样本中均被检出，18 型人乳头状瘤病毒在 17%～20% 的宫颈癌样本中能被检出。在世界各地 70% 的宫颈癌切片中，都发现了 16 型和 18 型人乳头状瘤病毒。

6 年之后，豪森出任了德国癌症研究中心主任。他注重科学研究和临床实践相结合，重视各学科之间的交叉促进，临床病理与科学技术的融合发展，提倡研究人员"多注重临床、少关心小白鼠"，并积极与医院开展合作研究。人乳头状瘤病毒与宫颈癌之间的关系证实，正是这一理论–实践原则的成功范例。

越来越多的结果表明豪森论断的正确性。1991 年，一项大规模流行病学调查显示：人乳头状瘤病毒的确是宫颈癌的致病"元凶"。2004 年，美国在一项关于健康营养的调查研究中发现，女性生殖系统感染人乳头状瘤病毒的情况不容乐观，人乳头状瘤病毒的总感染率超过 25%。2008 年，中国的人乳头状瘤病毒感染和宫颈癌流行病学调查结果显示，女性高危型人乳头状瘤病毒感染率约为 15%。

人类是人乳头状瘤病毒的唯一宿主。这种病毒最喜欢把家安在人体温暖潮湿处，所以皮肤和人体腔道的黏膜成为人乳头状瘤病毒良好的宿主感染环境。这种病毒可以通过血液或者母婴传播，还可以通过与感染者接触，或者衣物、生活用品等传播。

此外，人类与人乳头状瘤病毒过从甚密，皮肤上长"刺瘊"就与它大有干系。皮肤在感染人乳头状瘤病毒后，便会

生"瘊子"——呈现为圆形、椭圆形或多角形的丘疹、肉赘，颜色为淡褐色、黄褐色；疣也是人乳头状瘤病毒感染最常见的现象。日常生活中常常发生上述感染，不过大多情况下用不了多久就自动消失了。

人乳头状瘤病毒感染人体后，先"驻扎"在皮肤深层的基底细胞内。随着人体新陈代谢，当基底细胞逐渐向表皮细胞"演化"时，人乳头状瘤病毒便狡猾地"策反"皮肤细胞，通过病毒自身的基因组，启动并操控细胞的遗传信息系统，为病毒完成生命周期创造条件，从搭乘细胞的"外来客"，摇身一变成为细胞的"主人"。

人乳头状瘤病毒在宿主细胞内发出指令，强行干预细胞的正常运转，并在细胞中生产组装新的病毒。就这样，细胞中出现越来越多的病毒，并继续感染新的宿主细胞，寄宿在人体内等待时机，伺机继续感染下一个人。人乳头状瘤病毒被称为病毒中的"温和派"。它不像人类免疫缺陷病毒或乙型肝炎病毒那样，以杀死细胞为目标，而是持续性地潜伏着，犹如诡谲的细胞"间谍"，这也正是其可怕之处。

据统计，全球的癌症病例中约有 5% 是人乳头状瘤病毒感染导致的，每年约有 50 万女性会因此感染致癌，给人类的幸福和家庭的安康带来了极大的挑战。

第三十四章
年轮印记

人类对新病毒的发现一直没有止步。

1931 年，来自德国的物理学家恩斯特·奥古斯特·弗里德里希·鲁斯卡（Ernst August Friedrich Ruska）和工程师马克斯·克诺尔（Max Knoll）发明了电子显微镜。在这项技术的帮助下，科学家第一次获得了有关病毒形态的照片。

1936 年，英国生物化学家弗雷德里克·卡罗勒斯·鲍顿（Frederick Charles Bawden）和诺曼·温盖特·皮里（Norman Wingate Pirie）证明烟草花叶病毒是由蛋白质和核酸共同组成的。这与温德尔·斯坦利的研究共同证实了病毒的物质组成。自此，人类从研究电子显微镜下的病毒颗粒开始，逐渐去发掘病毒的本质。

1955 年，英国一位名叫罗莎琳德·埃尔茜·富兰克林（Rosalind Elsie Franklin）的物理化学家，利用 X 射线晶体衍射技术，第一次揭示了烟草花叶病毒的整体结构。她进一步分析了这种病毒的结构和空间模型，首次揭示了更加精密的病毒元件。

目前已知的大部分能够感染动物、植物或细菌的病毒是在 20 世纪下半叶被科学家们发现的。这一时期被认为是发现病毒的黄金时代。

1962 年，美国科学家唐纳德·卡斯帕（Donald Caspar）观察了许多病毒的二十面体空间结构，并发现了病毒粒子形成二十面体的构成规律，从而揭示了病毒在超微结构尺度的几何维度，实现了认识生命形态和方式的重大突破。

1967 年，迈赫兰·古廉（Mehran Goulian）通过人工培养在体外增殖 ΦX174 噬菌体，为研究病毒的复制和生命周期提供了条件基础。同年，特奥多尔·奥托·迪纳（Theodor Otto Diener）发现了一种不含有蛋白质，只有核酸物质的特殊病毒——类病毒。这一发现更新了人们对自然界中生命定义的认知，再次引起关于生命起源的思索和探寻。

1970 年，霍华德·马丁·特明（Howard Martin Temin）和戴维·巴尔的摩（David Baltimore）分别发现了病毒的一种特殊的活性酶——逆转录酶，它可以将病毒 RNA 基因逆转录为 DNA。病毒通过这一过程，将自身的遗传信息通过 DNA，整合到宿主细胞的基因组上。他们发现的这种新的生命复制形式，延伸了"中心法则"的科学内涵。

1977 年，腺病毒（adenovirus）在转录过程中的 mRNA 拼接现象被揭示。进一步的研究发现，在其他病毒中也出现了这种情况。这促使遗传学研究中的真核基因不连续性得以证实，并为提出外显子（exon）和内含子（intron）的概念，提供了重要的线索。

1982 年，斯坦利·本杰明·普鲁西纳（Stanley Benjamin Prusiner）通过研究羊的痒病（scrapie）病原，发现了一种特殊的蛋白侵染因子。与类病毒恰好相反，这种因子不含有核酸，只含有蛋白质。后来的病毒学国际会议上，这种因子被命名为朊病毒。"疯牛病"以及人类"克罗伊茨费尔特–雅各布病"的病原，都是朊病毒。

1983 年，法国巴斯德研究所的吕克·安托万·蒙塔尼耶（Luc Antoine Montagnier）及其同事弗朗索瓦丝·巴雷–西诺西（Françoise Barré-Sinoussi）首次分离获得了一种逆转录病毒，即如今众所周知的人类免疫缺陷病毒。因此，同人乳头状瘤病毒的发现者德国科学家哈拉尔德·祖尔·豪森一起，被授予 2008 年的诺贝尔生理学或医学奖。

过去，在定义病毒时，人们常用"体形比细菌小的"来形容。然而，目前已知的最大病毒——2014 年在西伯利亚冻土层中发现的阔口罐病毒，其体积不亚于许多细菌，可谓病毒界的"巨人"。

第三十五章

新发踪迹

近 30 年来，由新发现的毒种或新型病原微生物，引起疯牛病、非典、禽流感等一波又一波传染病，疫情汹涌地冲击着人们的生活。近 10 年来，我国每一两年就会出现一种新发传染病（emerging infectious disease）。

新发传染病包括新种或新型病原微生物引发的传染病，以及一些原已得到基本控制且已不再构成公共卫生问题，但近年来又重新发生和流行的传染病。它的种类极其繁多。

1992 年，美国国家科学院发表了《新发传染病：细菌对美国公民健康的威胁》，首次提出新发传染病这一概念。1994 年，美国疾病控制与预防中心提出了应对新发传染病威胁的预防策略。1997 年，世界卫生组织提出将防范新发传染病作为世界卫生日的主题。

20 世纪 70 年代以来，除某些年份以外，每年均会发现一种以上的新发传染病，至今已超过 40 种。此外，新发传染病病原的种类非常复杂，包括病毒、细菌、立克次体、衣原体、螺旋体及寄生虫等。近 50 年来，引起新发传染病的

病原体大多数是病毒。

在人类新发传染病中，很多疾病与动物有关。有研究发现，约 60% 的新发传染病为人与动物共患传染病，其中约 70% 是由野生动物传播的。

发现于 1976 年的肾综合征出血热遍布四大洲的 40 多个国家，患者大约有 150 万人。该传染病主要以鼠类为传播媒介。暴发于 1992 年的 O139 霍乱来势汹汹，1993 年 1~4 月就造成孟加拉南部 107 297 人发病。1996 年，英国首次宣布牛海绵状脑病（bovine spongiform encephalopathy，BSE），俗称疯牛病，可通过食物而传染人。

新发传染病常来势凶猛，传播速度快、范围广。雪上加霜的是，新发传染病病原种类多且不易确定，人们难以对疫情进行预测或很快找到有效的预防和诊治方法。再加上人群对突发传染病没有免疫力，新发传染病已成为需全世界共同面对的公共卫生问题。

艾滋病被称为"世纪瘟疫"。埃博拉出血热因其超强的传染性和极高的致死率而获名"死亡天使"。在英国发生的疯牛病使约 20 万头牛遭受感染，而与疯牛病相关的病死率极高的人类新变异体克罗伊茨费尔特-雅各布病（new variant Creutzfeldt-Jakob disease，nvCJD）更是引发了全球性危机，震撼了整个国际社会。

此外，在一些国家和地区，军团病（legionnaires disease）和禽流感等都曾出现较大规模的暴发或流行，给当地社会造

成了严重的危害和影响。1976 年，美国费城退伍军人协会会员中曾暴发急性发热性呼吸道疾病，是军团病已知的首次暴发，共造成 221 人感染，34 人死亡。此后，军团病在全球共发生过 50 多次。2015 年，军团病在纽约布朗克斯区暴发，三周内导致 7 人死亡。

近年来新发传染病的频发，与全球化的趋势密切相关。病原的传播需要宿主之间接触，或者为病原的感染提供适宜的条件。自然界中，许多病原体在选择感染宿主时具有一定的趋向性，人类并不一定是某种病原的最适宜的感染对象。

比如，SARS 冠状病毒一旦引起宿主死亡，就意味着感染者体内的病毒也将随之面临死亡。因此，一般情况下，病毒会寄宿在不会因其致病的宿主，如蝙蝠等动物体内，伴随宿主生物的生命周期，维持其自身的生存状态。这些自然宿主大部分为野生动物，长期生活在远离人类社会的偏远环境中，由大自然的规律维持着生态平衡。

平衡一旦被打破：一方面，病原微生物接触和感染人类的概率随之提升，人类致病的风险不断提高；另一方面，病原微生物为了增加生存概率，会调整或者改变其感染的趋向性，从而为其在人类和动物之间的传播创造了新的机会。

除野生动物外，还有一种非常常见的病毒媒介是和人类生活息息相关的蚊虫。人们每每苦恼于蚊虫叮咬的小麻烦，而忽视了虫媒疾病这一大麻烦。全球气候变暖更利于蚊虫滋生，而它们可能携带着传染性疾病病原，如黄热病病毒、寨卡病毒、疟原虫等。尽管卫生条件的不断改善，可以减少这

一类疾病传播的风险，然而这些蚊虫的数量和分布太过广泛，虫媒传染性疾病流行的潜在威胁不可小觑。

人类自身也是病原体的宿主之一。日益频繁的地区间交流往来，使得传染病性常常演化为全球性危机。比如，近年来非洲暴发的埃博拉疫情、全球范围的季节性流感等。

一方面，世界各地的医疗卫生水平参差不齐。在某些贫困地区，疫病防控和医疗条件相对较弱，难以有效地应对病原感染和扩散。

另一方面，从病原感染到发病，通常会存在一定的潜伏期。这期间感染者并未出现临床症状，很可能在地区间旅行，无意间传播病原。这一过程中，还可能出现其他相关接触的人员感染后，又形成许多潜在的传播途径，使得疾病容易发生空间性迁移，更加难以防控。

新发传染病对人类社会危害巨大。据世界卫生组织估算，全球有近 4 000 万人死于艾滋病。禽流感暴发时，疾病的流行区扑杀了不计其数的家禽。英国政府估计 2001 年因疯牛病导致的经济损失达 35 亿英镑，对生产生活和生态环境造成了严重的影响。

发病率显著减小后再增大或流行范围有扩大趋势的传染病，称为再发传染病。比如，20 世纪 70 年代发生过的埃博拉疫情，近年来又再次出现在西非，并也出现在世界其他地区。

还有一类比较典型的就是季节性流感的发生。流感病毒的高突变率，使得其不断以新的姿态出现，并持续不断地发生着变化。或者基因重组成为一种新的流感病毒亚型，或者基因产生部分改变导致病毒随之产生改变，从而成为一种潜在感染的再发传染病病原。

未知伴随着人类对自身和自然的不断深入认知，在文明发展的进程中也将不断更新和升级。恐惧来源于未知，而科学研究正是去探索未知。

辰星·奥林匹斯众神之天火

"'火的女儿'是一种古老的传染病，来源于人们对天花患者外表的想象。"

—— 牛痘接种彻底消灭了天花，今天的人们有幸只在历史的尘埃中得知这种恶疾曾经存在过。

第三十六章
火的女儿

天花是一种古老的、由天花病毒（variola virus）所导致的传染病。早在一两万年前的某个时期，天花就已出现在地球上。

三千多年前，埃及法老拉美西斯五世（Ramesses V）患上了一种怪病。他全身的皮肤出现了红疹，过了一段时间后发展成了脓疱。法老感觉浑身疼痛难以忍受，便招来许多医生，但他们纷纷表示从未见过这样的怪病。

没过多久法老就因病去世了。他的木乃伊被发现后，人们惊奇地注意到其尸体上存有天花的疤痕，这显示法老是因感染骇人的天花病毒而死。拉美西斯五世因此成为目前发现的最早的天花病人。

通过利用不同的化石证据，专家根据分子钟（molecular clock）推算出：天花病毒也许是由 1.6 万～6.8 万年前的啮齿动物病毒演化而来的；也可能是在 3 000～4 000 年前，从沙鼠痘病毒分离而来。后一种推测正好与首名天花患者的生活时期相吻合。

据考证，天花最原始的称呼来源于古希腊人对天花患者外表的想象，意思为"火的女儿"。史料记载，中世纪天花流行于世界各地，约有 10% 的居民因感染此病而死亡，平均每 5 个人中就有 1 个人的脸上存有天花的印记——麻子。中国人因此将这种疾病称为"天花"。

天花的拉丁名称为 variola。天花病毒（*Orthopoxvirus variola*）是一种痘病毒，外形如边长为 400 纳米的长方体。天花病毒是所有已知人类致病病毒中体形最大的。

天花病毒非常复杂，它的 DNA 携带约 200 个基因，而人类免疫缺陷病毒只含有 10 个基因。天花病毒分为三个变种，分别是大天花病毒、中天花病毒和小天花病毒。常见的是大天花病毒，感染者约有 1/4 会死亡。

天花病毒感染的潜伏期为 7～17 天，平均为 12 天。初期症状包括高烧、疲累、头疼及背痛。2～3 天后，病人的脸部、手臂和腿部会出现典型的天花红疹。在发疹初期，伴随疹子还会出现淡红色的块状。几天后，病灶开始化脓，第 2 周开始结痂。随后的 3～4 周渐渐变成疥癣，随后慢慢剥落。有 5%～10% 的天花患者会表现为出血型或恶意变异型，这类患者短期内便会死亡。

过去，人们常把水痘误认为天花，但二者之间存在两个明显差别：其一，水痘不像天花般会长在病人的手心及脚心；其二，与天花不同，水痘引发的脓疱大小并不一致。水痘是由水痘带状疱疹病毒（varicella-herpes zoster virus，VZV）初次感染引起的急性传染病，以发热及成批出现周身

性红色斑丘疹、疱疹、痂疹为特征。现代医学诊断方式早已可以区分天花及水痘。

最初，天花病毒可能仅仅是一种存在于家畜身上的、相对无害的痘病毒，经过进化和适应后，才变成天花这种人类疾病。而此后，类似人们感染牛痘的偶然事件陆续出现。

天花致死的病例也许发生在人类进入农耕文明以后，这时人类开始驯养新的动物并与它们一同生活，而且常住在同一个房间里。天花也可能来源于人类和野生动物的接触，就像目前中非地区的某些人遭受猴痘感染。

天花是一种具有高度传染性的疾病，通过呼吸道吸入是其主要的传播途径，而长期面对面地近距离接触（1.8 米范围之内）是人际间传播的主因。

天花病毒主要通过患者咳嗽、喷嚏的飞沫形成气溶胶经空气传播；此外，病毒还会通过污染的尘埃、被污染衣物、食品、用具等以及破裂后的皮疹渗出液进行传播。

天花病毒不能在空气中长时间生存，在 37 摄氏度的温度下仅能存活 24 小时。尽管该病毒能穿透胎盘，但仅有少数的人患有先天性天花。

天花病毒通过吸附于易感者的上呼吸道入侵体内。病毒进入呼吸道后首先袭击呼吸系统表面的黏膜，再到达扁桃体等淋巴组织，然后大量繁殖后进入血液，形成首次短暂的病毒血症（viremia），感染细胞繁殖后再次进入血液，造成

第二次病毒血症。

通过血液循环，病毒能更广泛地扩散至全身皮肤、黏膜及内脏器官组织。经过 2～3 天的前期症状后，天花痘疹会出现。由于该病毒不耐热，患者发热后，病毒血症仅持续一段很短的时间。天花致人死亡的原因一般是不可控制的毒血症或大出血。

第三十七章
死神的帮凶

早在三千多年前，世界上就已存在天花这种急性传染病。古代中国、印度和埃及都有对天花疾病的相关记载。前面提到的埃及法老拉美西斯五世的木乃伊上就存在疑似天花皮疹的迹象。

我国的史料显示，天花于汉光武帝建武年间，即公元25～55年，于南阳击虏所得，故称为"虏疮"。天花是由境外传入我国的，并在唐宋时期变得越来越多，进入元明后则更为猖獗。

在世界多个地方，天花大流行导致不计其数的人类，尤其是儿童因此丧命。目前，还未发现有历史文献明确记载天花入侵欧洲及亚洲西南部的具体时间。

有一种说法认为，源于埃及与埃塞俄比亚的"雅典瘟疫"就可能是天花。另一种说法是，天花也可能源于公元164～180年横扫整个罗马帝国的"安东尼瘟疫"。也有一些学者认为，天花病毒是在公元7～8世纪由阿拉伯军队从非洲带入欧洲的。

18～19 世纪，天花病毒是最致命的人感染病毒，防治其所引起的疾病是当时医学上的一个难题。人们对天花十分畏惧，谈"痘"色变。

天花在欧洲大肆扩散，导致该地区超过 1.5 亿人死亡。一直到 18 世纪末，天花每年杀死的欧洲人口仍高达 40 万。有学者认为，欧洲殖民行动更导致天花扩散至世界各地，而印第安人是这次悲剧的严重受害者。

1519 年，西班牙冒险家埃尔南·科尔特斯（Hernán Cortés）率 500 名军士入侵阿兹特克（Azteca）。这是个人口近千万的中美洲帝国。其首都特诺奇蒂特兰（Tenochtitlán，今墨西哥境内）有约 25 万居民，是当时西半球最大的城市。

科尔特斯和其同伙的贪得无厌，引起特诺奇蒂特兰市民的顽强抵抗。从人数上来看，西班牙人明显不是阿兹特克人的对手。然而不幸的是，阿兹特克人俘虏了一个感染天花的西班牙士兵，该病迅疾在阿兹特克人中扩散开来。

因为阿兹特克人是首次接触该病，毫无防备的大批士兵相继倒下，而西班牙士兵之前因得过天花有抵抗力而平安无事。特诺奇蒂特兰最终陷落，代表印第安民族辉煌文明之一的阿兹特克帝国并未被不足千人的西班牙军队击败，反而被看不见的天花消灭了。

18 世纪英国殖民主义者的入侵，遭到加拿大当地印第安人的反抗。某天，两名印第安人首领忽然收到英国人赠予的毯子和手帕。之后很短的时间内，在印第安人居住的地

区流行一种从未见过的奇怪疾病。许多印第安人陆续患病，丧失了战斗力，甚至因病死亡。英国殖民者实现了不战而胜的目的。

原来，英国人所赠送的毯子和手帕来自医院里的天花患者，上面沾染了这些患者从皮肤、黏膜排出的病毒。利用这种肮脏的"礼物"，殖民者无耻地赢得了一场没有硝烟的战争。

历史上，有不少著名人物感染过天花，比如音乐家莫扎特、俄罗斯沙皇彼得三世、英国女皇伊丽莎白一世、法国国王路易十五，美国总统乔治·华盛顿、安德鲁·杰克逊以及亚伯拉罕·林肯也都患上过天花。华盛顿是在到访巴巴多斯时染上天花的，杰克逊是独立战争时在英军监狱中发的病，林肯因其儿子传染而得病。

在清代，尤其是入关之初，天花致死率之高使清皇室惶恐不安。当时的皇子皇孙夭折者大多是因感染天花。顺治皇帝终生"避痘"，但最终仍因感染天花而亡，对整个清廷的震撼最为强烈。

顺治十八年，皇帝突然感染天花，病情严重，立太子之事成为当务之急。顺治生有八个皇子，其中有四个因感染天花而夭折，还有一个得过天花而幸免于死。长期以来，顺治帝偏向于次子福全，但孝庄皇太后则希望立三子玄烨为太子。

顺治就此事征询当时在宫中当差的西洋传教士汤若望

（Johann Adam Schall von Bell）的意见。通晓医学知识的汤若望理智地提出：由于玄烨患过天花，已获得抵抗天花的免疫力，立其为皇太子更有保障。这一建议促使顺治帝最终决定立玄烨为太子。

几千年来，天花使无数的人死亡。幸存的人不仅满脸留下痘痕而毁容，而且很多人会丧失视觉和听觉，或得结核等疾病。英国史学家托马斯·巴宾顿·麦考利（Thomas Babington Macaulay）将其称为"死神的帮凶"。

第三十八章

美丽的挤奶女工

爱德华·安东尼·琴纳（Edward Anthony Jenner，琴纳亦译为詹纳），1749 年 5 月 17 日出生于英国的格洛斯特（Gloucestershire），其父亲是一名牧师。琴纳幼年下定决心做一名医生。他 14 岁时就师从外科医生丹尼尔·勒德洛（Daniel Ludlow），勤勤恳恳协助诊治患者长达 7 年之久。琴纳不仅学识广博，而且多才多艺。他研究地理，精通诗文，擅长乐器。

1792 年，琴纳获得了圣安德鲁斯大学医学博士学位。那时，天花疫情的暴发使医生们感到焦头烂额，患者则被病痛折磨得死去活来。为了找到医治天花的有效方法，琴纳进行了深入的研究和探索。

琴纳通过学习知道，16 世纪时中国人就发明了往人的鼻孔里种人痘预防天花的种痘术。到了 17 世纪，中国的种痘术传入俄罗斯、朝鲜和日本，经俄罗斯传入土耳其后，又传布到欧洲各国。问题是这种方法并不安全，轻者被接种人会留下大块疤痕，重的会导致被接种人死亡。为了根绝可怕的天花，琴纳决心寻找更有效、更安全的办法。

他在一次对天花的调查中发现，挤奶女工很少感染天花。问询中这些挤奶的姑娘纷纷告诉他，自己虽没有得过天花，但手上起过一些小脓疱，只是在很短时间内便恢复了。这是因为牛也会生"天花"，也就是牛痘病，患牛皮肤上会出现一些小脓疱。她们给患牛痘的牛挤奶，也会被传染；但一旦恢复正常，就不再被感染而起脓疱了。

给琴纳留下深刻印象的是一次偶然事件。邻居潘金斯先生遭遇天花感染奄奄一息。他太太因为未得过天花，就请了一位年轻漂亮、皮肤光滑的挤奶女工来照料病人。这位女工自信地说："先生尽管放心，我得过牛痘，是不会染上天花的。以前曾照顾过好几个天花患者，从来没有被传染过。"

最后的结果让人大喜过望。尽管潘金斯先生脸上全是天花留下的疤痕，但最终战胜了死神；而护理他的挤奶姑娘平安无事，仍然是那样容貌姣好。

琴纳认为：从事挤奶和牧牛的姑娘们在与牛接触时，因遭受牛痘感染而具备了对天花的免疫力；牛痘和天花属于同一类疾病，而且人感染牛痘不会死亡；人只要得过一次天花对此病就获得永久免疫力，那么也可以通过人工接种牛痘的方法预防天花。

受实验主义和严谨学风的影响，琴纳认为不应只有思考，还得通过事实进行验证。他的实验先从动物身上开始，发现得了牛痘的其他动物仍然存活，且不再被天花所感染。在动物实验之后，琴纳尝试对五名曾患过牛痘的人进行天花脓液接种，这些人也均未感染上天花。

他采用了最具说服力的对照试验。其中一组为二十名遭遇过牛痘自然感染的人，另一组为从未患过天花也无牛痘感染史的人。琴纳对这两组人员都进行了人痘接种。最后，第一组的人并未发生异常反应，而另外一组出现了高烧、出痘等严重症状，甚至其中有些人还得了天花。

这充分显示，得过牛痘的人具有抵抗天花的免疫力。

第三十九章
一物降一物

为使更多的人相信通过牛痘接种可以防治天花，琴纳决定进行一次公开试验。

为了检验他的假设，1796 年 5 月 14 日琴纳找到一个正在患牛痘病的挤奶女工萨拉·内尔姆斯（Sarah Nelmes），用针从她手臂上的水泡里蘸了一点脓液，随即划入一个从未出过牛痘和天花的小男孩的胳膊里。这个男孩叫詹姆斯·菲普斯（James Phipps），当年 8 岁，是琴纳家园丁的儿子。

自第 4 天开始，小詹姆斯胳膊的划痕处出现了一系列牛痘接种后的反应，整个人却平安无事。为了验证牛痘接种的效果，六周之后琴纳再次对小詹姆斯进行了人痘接种，结果他并未出现任何感染天花的症状。

琴纳的首次人体接种牛痘预防天花实验取得了成功。

他并未急于发表这个只进行过一次实验的研究成果。为了保障人体安全，琴纳仍想进行重复实验。为了找到一个明显的牛痘病人，他耐心地等待了两年之久。

1798 年，琴纳终于又找到了一位牛痘患者，再次实验也获得了成功。直到这时，他才准备将研究报告对外发表，正式宣布天花是可被人类征服的。

当琴纳医生把他的这项研究成果送至英国皇家学会后，却遭到了质疑。皇家学会拒绝刊印他的论文，琴纳只好自费印了几百份。

在 1798 年的秋天，琴纳发表了有关通过接种牛痘以预防天花的文章《牛痘来源及其效果研究》(*An Inquiry into the Causes and Effects of the Variolæ Vaccinæ*：*A Disease Discovered in Some of the Western Counties of England*，*Particularly Gloucestershire*，*and Known by the Name of the Cow Pox*)。他用 23 个实例，其中包括他 11 个月大的儿子罗伯特 (Robert)，证明了人感染牛痘后即使将天花脓液注射入皮肤也不会再得天花，并系统阐释了通过接种牛痘预防天花的效果，描述了牛痘的形态特征，介绍了牛痘取浆、接种方法及接痘反应等。

在拉丁语中，牛被称为 vacca，而牛痘被称为 vaccina。琴纳将借助接种牛痘而具备抵抗天花的免疫力的方法称为 vaccination，也就是人们所说的"种痘"。

第四十章
来自皇家学会的质疑

出乎琴纳意料的是，他写的这本小册子在英国竟然引起了一场轩然大波。那些不愿采用这一新方法来预防天花的医生们对牛痘接种大张挞伐，他们难以相信牛身上的病可用以预防人类疾病。

英国皇家学会也不相信一位普通医生能研究出制伏天花的方法，对他的观点予以了驳斥。

琴纳的文章发表后，教会和同行以"与牲畜接触就是亵渎造物主的形象""用人体做实验是不道德的行为"等理由一同反对他。

谣言在英格兰的浓雾中飘荡。

有些人甚至说，若采用琴纳的方法进行牛痘接种，人的身上会出现牛的特征，头上会长出犄角，皮肤会长出牛毛，还会拖着一条牛尾巴，声音也将变得如同牛一样。

还有医生给琴纳去信说，在卡恩小镇发现一个农民在感

染牛痘后仍然感染了天花病毒，并附上了一系列"强有力的""不容辩驳的"证据。

面对这样的质疑，琴纳认为是一些人分不清什么是真正的牛痘，他列举了一些虚假的牛痘来源进行回击：

第一种，来自奶牛乳头或乳房上的小脓包，但这些小脓包不含特定的病原；

第二种，来自遭受过分解的物质（即使最初含有特定病原的），比如来自腐烂或其他不明原因的脓液；

第三种，来自从晚期溃疡组织中获取的物质，即便这些溃疡由真正的牛痘疱引起；

第四种，来自接触了马的奇怪疾病导致在人类皮肤上产生的物质。

针对上述对象，琴纳作出如下评论："最重要的一点，我无法确定奶牛乳房和乳头脓泡疾病所能感染的范围，但毋庸置疑的是，部分动物的疾病是由这一类物质引起的，并可以传染给人类。对那些开展调查的人而言，除非他们能够有十足把握确定'什么是'真正的牛痘，而'什么不是'真正的牛痘后，才能进行相关的争论和挑毛病。"

琴纳从未丧失信心和退缩，自第一篇论文发表后，又不断撰写文章证明牛痘接种确实可用以预防天花。他于 1799 年发表了第二篇论文《牛痘的进一步观察》（*Further Observations on the Variolæ Vaccinæ*）；于 1800 年发表了第三篇论文《与牛痘相关的事实和观察的继续》（*A Continuation of Facts and Observations relative to the Variolæ Vaccinæ or Cow Pox*）。

1798 年，琴纳携带牛痘疫苗从家乡赶至伦敦，想请一些具有威望的医生和医院进行牛痘接种，但均以失败告终。

琴纳带着一丝希望再次回到了家乡。他并未因在伦敦四处碰壁而感到失望，反而积极地为村里的乡亲们进行牛痘义务接种。他的举动随之获得越来越多人的理解和接受。

第四十一章
时代召唤的英雄

真理可以经受住实践的考验，时间也将给予科学最公正的判决。

很快，琴纳医生的相关研究成果被译成德、法、荷、意和拉丁等语言在世界各国发表。得益于牛痘接种法的推广，由天花造成的发病和死亡人数大为减少。

英国政府最终承认琴纳这一发现的重大价值，议会于1802年和1807年分别授予他1万英镑和3万英镑的奖金，还在伦敦创立了新的研究机构，即"皇家琴纳学会"。据记载，伦敦开始采用牛痘接种方法后，18个月内死于天花的人数减少了2/3，英国皇室成员也接受了牛痘接种。

"种牛痘可以预防天花"，由于琴纳所发明的牛痘接种法简单便利、安全高效，仅在短短10多年间便迅速传遍欧洲和美洲地区。

1807年，巴伐利亚王国推行义务种痘制，巴伐利亚州如今仍旧纪念琴纳的诞辰，并将琴纳的生日定为休假日。在俄

国，最初将接受牛痘接种的儿童称为 Vaccinov，他们的教育费由国家承担。

英国在 1840 年和 1871 年分别颁布了法令，规定各教区官员须确保所有辖区的居民都接受牛痘接种，如果父母拒绝给他们的孩子进行牛痘接种将会受到罚款或监禁的处罚。

1804～1814 年，俄国有 200 万人进行了牛痘接种。1865～1885 年，意大利进行牛痘接种的人口比例高达 98.5%。

美国第三任总统杰斐逊无比赞誉牛痘接种法，并将牛痘疫苗分发至其家乡弗吉尼亚州和美国所有其他地方，成为推广牛痘接种法的坚定支持者。他写信给琴纳说："凭借它，人们可以战胜邪恶，未来的人类将有幸只在历史的尘埃中得知这种恶疾曾经存在过。"

当牛痘接种法传入法国时，其与英国正处于战争状态。法兰西第一帝国皇帝拿破仑·波拿巴（Napoléon Bonaparte）曾亲眼见证不计其数的法国士兵因天花而死亡。1804 年 4 月，拿破仑让内务部长下发牛痘接种指示。1805 年，他又亲自发布命令，规定全部未遭天花感染的法国士兵必须接受牛痘接种。

1809 年，拿破仑皇帝接到一封由英国乡村医生寄来的信件，信中请求他释放两名英国战俘。彼时，法国正与第五次反法同盟交战，战俘是被用以交换的，而英法两国的战争已陆陆续续进行了上百年，可谓"世仇"。因此，拿破仑的手

下相信其一定会如同往常一样，将信顺手丢入壁炉里。

然而，拿破仑在看了信的签名之后却说："对这位伟人的任何请求我都不会拒绝。"

这名乡村医生就是琴纳。他有两位好友，分别叫威廉姆斯和威克汉姆，他们在英法战争中沦为法国的俘虏，其家人给琴纳写信询问能否帮忙将两人拯救回英国。

为了搭救朋友于水深火热之中，抱着尝试的心态，琴纳给拿破仑寄去了一封由其亲自撰写的信，其中写道：陛下，我的朋友威廉姆斯和威克汉姆作为俘虏被囚禁在法国，我可否恳请陛下赐予伟大的恩惠，允许他们回英国。我谦卑地请陛下释放这两个人，如果他们得以返回家园，将被看作陛下给予我的荣誉。

拿破仑非常敬重琴纳，称其为"人类的救星"。虽然英法之间正在交战，拿破仑读完这封亲笔信后，立刻兴致勃勃说："噢！难以置信啊！我是不会拒绝他的任何请求的，因为他是琴纳。"随即下令释放那两名战俘，让他们返回英国。

1808～1811 年，法国共有 170 万人接受牛痘接种。拿破仑清楚牛痘接种预防天花的重要意义，因而对琴纳非常感激，才有了前文提到的拿破仑对琴纳来信的反应。

第四十二章
跨大洋的环球远航

1803 年，自身曾遭受过天花感染的西班牙国王下令，在王国海外殖民地（包括除巴西外的中、南美洲广大地区和墨西哥地区，以及亚洲的菲律宾群岛）鼓励牛痘接种。为此他派出了一支远航船队，该旅程耗时整整三年。

在加拉加斯（Caracas），远航船队分为两支，何塞·萨尔瓦尼-列奥帕特（José Salvany y Lleopart）带领的一支去了南美洲；另一支由弗朗西斯科·哈维尔·德巴尔米斯-贝伦格尔（Francisco Javier de Balmis y Berenguer）指挥，到达了西班牙在亚洲的殖民地菲律宾。

1804 年 5 ~ 6 月，分别在古巴和墨西哥开展疫苗接种后，德巴尔米斯小分队于 1805 年 2 月抵达菲律宾。他们在菲律宾组建了疫苗接种委员会，为超过两万人进行了疫苗接种。1806 年 9 月，德巴尔米斯顺利回到西班牙，成为第一任天花疫苗接种总检查官。

萨尔瓦尼分队经陆路前往南美洲。陆地旅行更加艰难，他很快就因不适应热带气候而病倒了。经过了重重磨难后，

萨尔瓦尼分队于 1804 年 12 月抵达圣菲波哥大（Santa Fe de Bogotá）；1806 年 5 月，分队又到达秘鲁的利马（Lima）。这期间他们为 20 多万人进行了牛痘疫苗接种。

不幸的是，1810 年 7 月 21 日，萨尔瓦尼在科恰班巴（Cochabamba）逝世。这支失去了队长的分队继续前进，直到 1812 年，从智利回到秘鲁的卡亚俄港（Puerto Callao），才正式完成了长达 10 年之久的牛痘疫苗接种工作。

这支远航船队队员们历经千辛万苦，环行全球的征程，书写了人类抗病毒史上波澜壮阔、激励人心的篇章。

1805 年，一位名字叫佩德罗·埃维特（Pedro Hewitt）的葡萄牙医生把牛痘疫苗从马尼拉带到了澳门。此后，东印度公司的英国医生亚历山大·皮尔逊（Alexander Pearson）又把牛痘疫苗由澳门带到广州。

从此，牛痘正式登上中国大陆。皮尔逊专门撰写了一本《英吉利国新出种痘奇书》，在中国进行牛痘接种的推广。

这本书的第一部分是图解，分别对牛痘的接种部位、接种器械、接种成功后的出痘形状进行了介绍。书的另一部分为正文，详细介绍天花在欧洲流行的情况，以及人痘术在欧洲接种的情况，琴纳发明的牛痘术与人痘术的区别、优势，牛痘具体的接种方法及注意事项等。

皮尔逊还在该书中写道："这种新的牛痘接种法在中国人中间极受宠爱……认识到新方法的好处以后，就毫不犹豫

地接受它。"据说，琴纳辗转得到了皮尔逊撰写的小册子和种痘报告书，他看了以后，感慨地说道："中国人比家乡的英国人更信赖接种牛痘啊！"

早在牛痘传入的初期，中国就有人积极参与了牛痘的接种和传播。1805 年，广东南海人邱熺在澳门经商。当牛痘接种法传到澳门的时候，他决定在自己身上进行接种试验。成功之后，他便开始了专门推广牛痘接种的生涯。

邱熺为了让国人理解并接受牛痘接种法，详细记录了十多年间种痘的方法和经验，并汇成《引痘略》一书。

出发于中医的"引毒原理"，邱熺证明了牛痘接种比人痘接种更可取。伴之实际的效果，人们很快便接受了牛痘接种法。当时，邱熺还被许多名声显赫的达官贵人请至府中进行牛痘接种，其中包括力主禁烟的两广总督阮元。

第四十三章

以毒攻毒

中国古人在与天花顽强斗争中发现，患天花而未死亡的人不会再次患上天花，寿命或可达至百岁。天花因此又称"百岁疮"。这意味着，患过天花病的人能够获得抵抗该病的终生免疫力。

受此启发，一些中国古代医学家按照"以毒攻毒"的思想，发明了人痘接种法。

古代中医在防治天花这种致命疾病方面踏出了人类的第一步。唐代孙思邈《千金要方》中介绍了攻毒治疮的原理，表明那时可能已经出现了人痘接种术，并在民间流传。

据清代医学家朱纯嘏在《痘疹定论》一书中记载，北宋名相王旦连续生了几双儿女，却皆夭折于天花。老年时期的王旦又得一子，取名王素，为使其免遭天花侵袭，他遍访名医，四处搜集方药。

有一个四川人告诉王旦，峨眉山有位"神医"会种痘，王旦遂将其请到开封府。神医第二天就为王素种痘，种痘后

第 7 天王素全身发热，12 天后痘已结痂。后来王素果然没有感染天花，活了 67 岁。

归纳而言，由中医所发明的人痘接种术可分为四种。

第一种，痘衣法：让接种的人穿上得过天花的儿童的衣衫，促使其感染。

第二种，痘浆法：用棉球蘸染痘疮浆液，并将其塞进被接种儿童的鼻孔里。

第三种，旱苗法：将痘痂阴干研磨至细末，通过银管将其吹入被接种儿童的鼻孔里。

第四种，水苗法：将痘痂研磨至细末，再与水混合并调匀，用棉球蘸染该液体，并将其塞入儿童的鼻孔里。

实际上，采用原始的种痘术进行接种，就是用人工方法使接种者被天花感染而产生抵抗力。这类方法因为使用的是"时苗"，即天花本体，所以具有极大的危险性。直接采集于人体的天花病毒会导致部分接种者遭受感染并死亡。

琴纳发明的疫苗不是用天花病毒，而是用牛痘病毒制成。牛痘病毒虽然也能通过接触感染人，但是毒力比天花病毒要弱得多，而牛痘病毒与天花病毒都能引起人体获得相同的特异性免疫力。

综上两大特点，牛痘非常适合用来做天花疫苗。

琴纳医生所处的那个年代，人们虽然尚未认识到牛痘病毒和天花病毒能引起相同特异性免疫的原理；但是，他通过细致且长期的观察研究，认识到人感染牛痘后不再得天花的现象，并最终采用接种牛痘的方法战胜了天花。

第四十四章
叩开现代免疫学大门

英国史学家麦考利这样描述天花这一"死神的帮凶"："疾病接连不断地出现，尸体填满了墓地，未患病的人饱受恐惧的折磨，女子脸上留下的疤痕成了她未婚夫的梦魇"。

琴纳医生用一生的心血和精力，通过探索和实践，战胜了"死亡领主"——天花，向人们展示了科学的巨大力量。他还鼓舞人们，所有传染病都将在未来的某天得到预防。

征服天花只是琴纳的功绩之一，琴纳更重大的功绩在于发现了预防疾病的方法，即通过利用人体自身可产生免疫的机能，实现对疾病的预防。

他成功开辟了一个新的科学领域——免疫学。

琴纳为这一领域奠定了基础，并给人们指明了战胜致命疾病的道路。他发明了牛痘接种法，不但成功使人类免受了天花的侵扰，还鼓舞着大量的科学家坚持不懈地开展传染病防治研究。琴纳被后世尊称为"伟大的科学发明家与生命拯救者""免疫学之父"。

1823 年 1 月 26 日，七十三岁高龄的琴纳逝世。他的一缕头发被朋友小心谨慎地剪下以作为珍贵的纪念。1823 年 2 月 3 日，在家乡格洛斯特郡伯克利的圣马利亚教堂琴纳家族墓地，琴纳被安葬在他的父母和妻子身边。

琴纳墓碑上的碑文写道："碑后是伟大的名医、不朽的琴纳长眠之地。他以自己的睿智带给全世界半数以上人类以生命和健康。被拯救的孩童来歌颂他的伟业，将他的名字永留在心间。"

鲁迅先生在 1935 年编订的《且介亭杂文》中有篇佳作《拿破仑与隋那》（隋那为琴纳的另译）。他在文中深情地写道："但我们看看自己的臂膊，大抵总有几个疤，这就是种过牛痘的痕迹，是使我们脱离了天花的危症的。自从有这种牛痘法以来，在世界上真不知救活了多少孩子。"

在鲁迅先生看来，牛痘接种法发明者琴纳对人类的贡献，远远大于拿破仑和成吉思汗这些统治者，值得我们永远铭记和钦佩。

第四十五章

伟大预言的实现

20 世纪 50 年代，我国开展了消灭天花运动，并且强制施行天花疫苗的接种。随着 1961 年我国最后一名天花病人的痊愈，我国境内再未见到天花病例。这比世界卫生组织宣布全球彻底消灭天花早了近 20 年。

1959 年，在世界卫生组织大会上，由苏联卫生部副部长维克托·米哈伊洛维奇·日丹诺夫（Виктор Михайлович Жданов）提倡的"三到五年内扑灭天花"计划获得通过，随之消灭天花的全球运动得以正式开展。

每次天花疫情的扩散均始于一个区域，为了迅速控制疫情，每个国家和地区必须早期汇报每次疫情的发展情况，并对流行地区开展环状疫苗接种工作。据统计，1959 年全球有 59% 的人口生活在暴发天花疫情的国家和地区里，而这一比例在 1966 年降低至 31%。

1967 年，全球天花根除工作正式启动。西非和中非的 19 个国家中，总计有 7 000 万人接受了牛痘接种。同年，全球仍有 46 个国家和地区有天花疫情，而这一数字在 1968 年

降至 31 个，感染天花的人数为 8 万人。只耗时三年半，天花被西非、中非的 20 多个国家成功消灭。

截至 1975 年底，天花在亚洲绝迹了。

1980 年 5 月 8 日，世界卫生组织在肯尼亚首都内罗毕举行的第 33 届大会上宣布：天花这一危害人类长达数千年之久的严重疾病在地球上已被最后根除，建议全世界停止进行天花疫苗接种。

此举实现了琴纳在 1801 年所做的预言："牛痘接种最终将彻底消灭天花 —— 人类曾经遭遇的最可怕灾害。"

天花成为被人类征服的首个瘟疫。

一位名叫福尔克·亨申（Folke Henschen）的瑞典病理学家曾经说过："人类的历史即是疾病的历史。"的确，自从人类在地球上出现以来，就始终被疾病所折磨，人类文明正是在种类繁杂的疾病侵扰下不断艰辛前行。

毫无疑问，在繁多的疾病中，"瘟疫"，即流行性急性传染病，对人类构成的威胁最大，造成的危害也最为严重。

回顾历史，人类一直饱受疾病折磨，经历了无数大大小小的瘟疫，如麻风、天花、肺结核、鼠疫、流感、霍乱……这些疫病给人类文明造成了严重损失。然而，在如此多种类的瘟疫中，为什么目前仅有天花能被人类消灭呢？

实际上，天花的灭绝是由该疾病本身的性质、疫苗和公共卫生政策等多方面的主客观因素所决定的。

归纳起来有如下几点：

（1）人类发明了安全有效的牛痘疫苗；

（2）天花病毒只能感染人类，缺乏其他保存宿主，无法通过其他动物而传播，只要控制住病患的传播就可以控制住病毒的传播；

（3）疾病本身的性质，即患上一次天花就能终身对天花具备免疫力；

（4）计划免疫的实行；

（5）由于传播方式十分特殊，病人只有出现症状后，才可以传播天花，这使得传染源易于被辨认和隔离。

天花已经被人类战胜，但是我们仍然面临着其他病毒带来的诸多威胁与挑战。

这是剑与盾之歌，犹如漫长黑夜中升起了启明星，迎接黎明的曙光。

巨浪·阿尔忒弥斯的惩罚

"疯狂女神使得猎犬发狂，被变成一只牡鹿的阿克特翁成为狩猎牺牲品。"

—— 狂犬病这一在世间的古老病魔，犹如深夜中的幽灵，理性的光辉将宣判黑暗时代的终结。

第四十六章
恐水的占星凶兆

1819 年，加拿大总督查尔斯·伦诺克斯（Charles Lennox）因感染狂犬病（rabies）而死亡。他的死亡源于一只狐狸，而并非由狗直接引起；但他是世界历史上最有权势的狂犬病受害者之一。

伦诺克斯出生于苏格兰，是英国里士满（Richmond）和伦诺克斯（Lennox）第四任公爵，曾是一名英军统帅和政治家，并积极参加对抗法国的战争。1818 年，他被任命为加拿大总督，并在同年 7 月到达魁北克，作为最高领导人开始执政加拿大。

这一年夏天，一名士兵的宠物狐狸与伴随伦诺克斯的狗打了起来。伦诺克斯企图将它们分开，但这只疯狂的狐狸却狠狠咬了他的大拇指一口。

伤口很快便愈合了，但伦诺克斯在访问金斯顿位于里多河边的定居点的旅途中，狂犬病症状发作。

最初的表现为肩膀和喉咙疼痛，而在第二天则迅速发展

到失眠和疲乏。狂犬病有个独特且令人恐怖的临床表现是恐水，但伦诺克斯要获得医疗护理就必须溯流而上。

沿河而上的旅途让伦诺克斯饱受折磨，他被广袤河水的景象吓得心惊胆战。8月28日，在离定居点几公里远的一个谷仓里，伦诺克斯伴着极度的痛苦离世了。

这可谓是华佗无奈小虫何，大人物也怕狂犬病。

公元前180年，西汉王朝的吕后因病去世。有关其死因，史籍中仅记载为"病犬祸而崩"。我国古代文献记载中，关于患狂犬病而死亡的人，吕后应是首个病例。

考据显示，那一年在犬易发狂的三月初，吕后外出祭祀，在返回的路上其腋部被疯狗咬伤。历经四个月的潜伏期后，吕后于七月中旬突发狂犬病症状，听闻江汉水患的消息，她神情狂乱，极度恐惧，不久便死去。

当时诸吕的政治根基尚未稳固，吕后的突然死亡，使其政权在很短的时间内便被诸刘及刘邦旧臣迅速取代，从而改变了西汉王朝的政治发展趋势。这也许是疾病改变历史走向的又一例证。

狂犬病的英文 rabies 一词原意为"狂暴"，来源于梵文这一古老语言。狂犬病对人类造成的危害古已有之，各民族的历史文献中都有大量有关的记载。

比如，在两河流域古老的咒语中，就详细描述并记载了

有关人因被疯狗咬而死亡的事件。根据当时存在的许多诊治和抵抗狂犬病魔的咒语，以及预示该病流行的占星术和内脏占卜记录来看，狂犬病已对人类构成了巨大威胁。在一些地方，疯狗的存在甚至被当作国家将要灭亡的标志。

第四十七章
狂犬背后的黑影

在中国的历史上，狂犬病是古人最早认识的人畜共患病，也被称为恐水病、疯狗病。成书于战国时期的《左传》中，对襄公十七年（公元前 556 年）有如下记载："十一月甲午，国人逐瘈狗，瘈狗入于华臣氏，国人从之"。人们那时便意识到人被疯狗咬后会患病，因此组织大家驱除疯狗以遏制疾病传播。

东晋葛洪所著《肘后备急方》中介绍"乃杀所咬之犬，取脑敷之，后不复发"，这是我国最早（1 600 多年以前）提出的"以毒攻毒"的免疫防疫的萌芽。

唐代孙思邈所著《千金要方》和清代吴谦所著《医宗金鉴》等诸多中医典籍中，也都指出咬伤后应立刻处理伤口、排毒，以防病毒侵入体内，早期预防是必要且有效的。

公元前 500 年，欧洲有了对狂犬病的记载。据称生活在罗马帝国奥古斯都和提比略时代的学者奥卢斯·科尔内留斯·塞尔苏斯（Aulus Cornelius Celsus）就认识到了恐水病与动物狂犬病的关系。直到 1885 年，人们还未找到狂犬病

的发病原因。

自狂犬病被发现之后，人们与病魔就进行了艰苦而长期的斗争。

起初，面对狂犬病的大肆侵袭，孤立无助的人类只能祈求于上天、神灵和巫术，希望通过借助超自然的力量来驱逐狂犬病。然而，人们慢慢意识到这是徒劳无功的，因此开始发掘正确有效的防治狂犬病方法。

当前，在许多国家都有狂犬病流行，令人忧心。

相比之下，发达国家的狂犬病发病率较低，其中英国、日本、澳大利亚和新西兰等国没有狂犬病流行；此外，拉丁美洲发病率也较低。目前该病病例主要集中于亚洲，其中印度、巴基斯坦、孟加拉国和尼泊尔等的疾病流行非常严重。

亚非以外的国家和地区通过消灭犬类身体内的病毒，使该病的宿主和载体已转向野生动物；但在亚非国家和地区，该病的主要宿主仍然是狗和其他犬科动物。

第四十八章
幽灵子弹

据国家卫生和计划生育委员会统计，2014 年我国有854 人死于狂犬病，是全国死于人感染 H7N9 禽流感人数（135 人）的 6.3 倍，在所有疾病的病死率中排列第三。

狂犬病是通过被狗或其他兽类咬伤，或者与携带狂犬病病毒的动物接触，而传播给人类的高致病性疾病。它不通过空气和飞沫传播，具有较长的潜伏期。

据报道，全球约有 100 多个国家和地区遭到狂犬病的威胁，每年约有 5.5 万人因感染狂犬病而死亡，其中 90% 的狂犬病流行于亚非地区。中国的狂犬病发病数居世界第二位，仅次于印度，狂犬病流行比较严重。

世界卫生组织估计，流行狂犬病的国家和地区中，共有25 亿人受到影响。此外，还有更多的家畜因感染狂犬病而死亡，对人类的生产和生活构成严重危害。

狂犬病病毒属于弹状病毒科（Rhabdoviridae）的狂犬病病毒属（*Lyssavirus*）。弹状病毒科病毒的形态与子弹非常相

似。狂犬病病毒外形呈弹状 [（60~400）纳米 × （ϕ60~ϕ85）纳米]，一端纯圆，一端平凹，内含有单链 RNA，核衣壳呈螺旋对称，表面具有包膜。

狂犬病病毒属的名称 Lyssa 在希腊神话中是黑夜女神尼克斯（Nyx）的女儿，是"疯狂"幽灵的象征。

狂犬病病毒在狼、狐狸、鼬鼠、蝙蝠等野生动物，以及狗、猫、牛等家养动物与人之间形成传播链，人主要因被患病或带毒的动物咬伤后感染。被感染后，如果缺乏及时有效的防治措施，将会引起严重的中枢神经系统急性传染病，有极高的病死率，几近 100%。

狂犬病病毒不耐热，100 摄氏度时 2 分钟可灭活；此外，紫外线、强酸、强碱，70% 酒精、0.01% 碘液、1%~2% 肥皂水等普通消毒剂也能将其灭活。

狂犬病病毒非常耐寒耐干，零下 70 摄氏度的环境中也能存活数年。很多遭遇狂犬病病毒感染的野生动物，即使在发病后还可存活很久，这使它们在死亡前的很长的一段时间里不断排出病毒。

温血动物几乎全部都能被狂犬病病毒感染，而冷血动物则不会传播该病毒。被狂犬病病毒感染后，虽然在发病前几天到发病后有可能传染，但人和人之间的一般接触不会传播该病毒。

第四十九章
大脑黑客

　　狂犬病病毒通常会大量富集于带毒动物的唾液腺中。一般情况下，病毒不能穿过完整的皮肤，但可通过伤口或黏膜直接进入人体。狂犬病病毒对神经组织具有高度的亲和力。

　　人被感染狂犬病病毒的动物咬伤后，即进入潜伏期。病毒会从伤口侵入，再在肌肉中大量繁殖。潜伏期可达数周甚至数年，平均为 1~2 个月。但也有例外，如狂犬病病毒在我国淮安市某男子体内潜伏长达 23 年之久，最终致其死亡。

　　潜伏期后是侵入期，病毒会进入神经系统，并一路上行至大脑。一旦病毒开始入侵神经系统，便会在神经元之间以远远超过人体免疫机制反应时间的速度进行高速运输。

　　随后进入扩散期，病毒扩散并侵入各器官组织中，其中唾液腺、舌部味蕾、嗅神经上皮位置的数量最多。这就是狂犬的唾液中富含大量病毒的原因所在。

　　由于神经系统受损，狂犬病患者会出现相应的功能异常症状。比如，害怕喝水甚至害怕听见水声。此外，还会出现

吞咽及呼吸困难、怕光怕风、唾液分泌增多，以及情绪波动、高热、头痛、呕吐、腱反射消失、瘫痪等神经性疾病症状。

当病毒侵入到心脏神经节后，患者的心血管系统功能会出现紊乱，最后常因呼吸循环衰竭而死亡。

狂犬病病毒有一系列抑制宿主免疫反应的手段，使得机体无法产生足够的抗体清除病毒。

当前，针对发作期狂犬病，还缺乏有效的治疗方法。一旦被狂犬病病犬咬伤，应及时处理伤口并尽快注射狂犬病疫苗。如果情况严重，还应增加注射血清或免疫球蛋白，以有效预防狂犬病。若等到狂犬病病毒进入了神经细胞，那一切便回天乏术了。

值得注意的是，狂犬病并非是被狗咬了才会患上。例如，在美国疾病控制与预防中心的统计数据中，大部分的狂犬病是由蝙蝠咬伤所导致。实际上，狂犬病病毒通常潜伏在臭鼬、狐狸、浣熊、蝙蝠这些易感宿主体内，但是它们与人类很少接触。

犬类只是狂犬病病毒的温和宿主，被感染比例并不高，特别是在接受疫苗注射后。人类也并非该病毒的易感宿主，被带病狂犬咬伤，约有 15%~20% 的感染概率。如能对伤口进行及时有效的医学处理，感染概率还将大大下降。

第五十章
一个生命的奇迹

19 世纪的法国，每年有数以百计的人因患上狂犬病而死亡。在法国科学家路易·巴斯德（Louis Pasteur）发明狂犬病疫苗前，人类为此付出过巨大的代价。

那时的人们认为火焰与高温可以使所有事物获得净化，包括人类肉眼所无法看见的细菌。由于缺少有效的应对方法，人们就用烧红的铁棍烙烫伤口来"治疗"狂犬病。然而，这种方法并没有能实现治愈狂犬病的目的，却吓坏了那些被"炙烤"的可怜人。

凭借在研究领域所获得的显著成就，巴斯德 30 多岁时就已誉满全球。他成功征服了蚕病和鸡霍乱，在防治传染病方面积累了大量经验。

某天中午，他的实验室迎来了一个被疯狗咬伤的男孩。在被送来时，那个男孩已经抽搐不已，在很短的时间内就死去了，这使巴斯德深受刺激。

为使此类悲剧不再发生，1882 年，60 岁的巴斯德开始

研制狂犬病疫苗。这时的他还被中风所侵扰，尽管因患病而身体部分瘫痪，他几乎将全部的精力都放在了研究上。

经过多年的努力，他终于研制出了狂犬病疫苗。巴斯德希望自己研制的治疗方法能将人类从可怕的狂犬病中拯救出来。他给支持他开展研究的巴西国王写了一封信，请求进行进一步的验证，但未获允许。

无奈之下，巴斯德想给自己注射狂犬病疫苗，这遭到了他的助手和妻子的反对。

正在事情毫无进展的时候，一名 9 岁男孩约瑟夫·梅斯特（Joséph Meister）在上学路上被一条恶犬咬伤。他身上共有 14 处伤口，浑身鲜血淋漓。所有人都认为这孩子难逃死亡的命运，但他的母亲仍怀着一丝希望，将孩子送到了巴斯德的实验室。

巴斯德和同事们一致认为，对小约瑟夫进行干预治疗是避免他死亡的唯一途径，也是义不容辞的责任，于是立即对他进行了 10 天的紧急医治。这期间，小约瑟夫共接受了 12 次疫苗接种治疗。

用疫苗注射剂进行接种，是验证该治疗方法有效性及可靠性的最为关键一步。为此，巴斯德夜不能寐。最终，小约瑟夫安全度过了危险期，并渐渐康复。

狂犬病疫苗的第一次人体实验成功了。这意味着在巴斯德和他的同事的不懈的坚持下，他们最终研制出了预防狂犬

病的方法。

疫苗在疾病预防中的作用就是要训练人体免疫系统，当狂犬病病毒等病原入侵时，能够识别并产生针对性的保护能力，调动身体的"防御部队"消灭入侵之敌。若缺乏这种训练，一些十分危险的敌人便能一路"攻城略地"。

传统疫苗一般包含减毒疫苗和灭活疫苗两类。它们的区别在于一个是"敌人"的战斗力已被削弱得难以"攻城"，一个是"敌人"的战斗力已经丧失而无法"略地"。

巴斯德的发明主要是动物减毒疫苗。

第五十一章
鸡的故事

　　1879 年，法国农村暴发了骇人的鸡霍乱（chicken cholera）疫情，超过 90% 鸡群因病死亡。在法国政府的请求下，巴斯德开展对该流行病的研究，并下定决心去征服这一瘟疫。

　　鸡霍乱，又称鸡出血性败血症，是由鸡巴氏杆菌（*Pasteurella gallinarum*）引起的一种急性败血性动物传染病。该病的病死率很高，严重危害养鸡业。

　　通过研究发现微生物是鸡霍乱的病原后，巴斯德认为，研究的下一目标应是制伏这些微生物的手段。

　　感染过霍乱病原菌的鸡，获得了一种针对霍乱的抵抗力，使它可以不再受此病侵扰。根据这现象，巴斯德设想：若在鸡身上注射一种毒力较弱的霍乱病原菌，使它们既不会因病而死，又可获得抵抗力，不就可以预防鸡霍乱了吗？

　　于是他一开始制备此类弱毒菌。他先从因感染霍乱而死亡的鸡身上获得霍乱病原菌，随之将其培养于装有培养液

的玻璃瓶内；一天后，他从瓶中取出一滴培养液装入第二只瓶内；再过一天后，又从第二只瓶内取出一滴培养液放在第三只瓶内；以此类推，巴斯德一直接种了几十瓶。

他希望通过这一方法获得减弱毒性的霍乱病原菌。然而，当他从最后一只瓶里取出一滴培养液注入一只鸡的体内后，这只鸡很快就染病死亡了。这说明，该方法并未培养出弱毒菌，巴斯德的首次试验以失败告终。

巴斯德去度假前指示一名助手继续给鸡注射接种，但这名助手把实验用的瓶瓶罐罐收入实验室橱柜里后，自己也度假去了。结束假期回来，巴斯德看着这些瓶瓶罐罐突发奇想，准备给鸡注射放置了一个来月的霍乱病原菌培养液。

当他把这些菌液注射入鸡体内后，令人激动的一幕出现了：除有一阵轻微的不适外，这些鸡全都安然无恙。几星期之后，巴斯德又给这些鸡注射了拥有很强毒力的霍乱病原菌，但它们依旧健康如常。这说明它们体内产生了针对霍乱病原菌的抵抗力，实验获得了成功。

巴斯德在研究中发现，这种致病微生物能在由鸡软骨做成的培养基上良好地生长。仅需一小滴新鲜的培养液就能导致一只鸡在很短的时间内死亡；然而当采用不新鲜的培养液对鸡进行接种时，它们几乎全都只产生些许轻微症状，并能迅速恢复健康。

1880 年，巴斯德向法国科学院提交这一研究结果时解释说：可能是因为培养液久置后，其中的病原菌大部分死亡，

剩下的病原菌因为接触氧气而毒性减弱，无力导致鸡感染后死亡。实践证明，那些进行过低毒性培养液接种的鸡，再被注射毒性足以致其死亡的新鲜病原菌培养液时，会表现出具有抵抗力，病症轻微甚至没有。

这表明，得过某种传染病并最终获得治愈的动物，此后就具有抵抗该病的免疫力。

1881 年，巴斯德改进了减弱病原微生物毒力的方法。他为鸡注射由减毒培养液制成的疫苗用来预防鸡霍乱，使疫情得到了及时的控制。

他信心满满地想，减毒免疫的设想是切实可行的，只要预防各种疾病的疫苗被成功研制出来，人类就可完全控制传染病。

第五十二章
羊的故事

1877 年，炭疽病（anthrax）在法国东部大肆蔓延。

巴斯德研究证实，这种对牛、羊等动物以及人类造成严重危害的传染病病原为炭疽杆菌（*Bacillus anthracis*）。牲畜和人感染炭疽杆菌后，会造成伤口溃烂，形成如炭般黑色的斑痕。

攻克鸡霍乱后，牛羊炭疽病又映入了巴斯德的脑海，他产生了按照同样的原理研发炭疽杆菌疫苗的设想。

通常，动物发作炭疽病后，饲养人会将死亡的动物埋在地下，然而这仍难以阻挡疾病的传播。巴斯德去农场仔细查看发现，部分土壤的颜色与周围有差异，并在上面找到了一些黑色颗粒状的蚯蚓代谢物质。

原来，蚯蚓吃进埋在地下的患病动物遗骸时，其中的炭疽杆菌因形成了一种芽孢保护层无法被消化，又随着蚯蚓排泄物回到地面上。在适宜的环境中，这些炭疽杆菌会褪去保护层，再次具有感染性，继续引起牛羊炭疽病的传染和暴发。

巴斯德将炭疽杆菌置于 42~43 摄氏度的鸡汤中培养。这种情况下，病菌不会形成具有芽孢保护层的孢子，从而有助于筛选出那些弱毒性的菌株。他结合以往免疫方法的经验，研制了一种弱毒性炭疽杆菌。由此又制成了预防牛羊炭疽病的减毒疫苗。

1881 年，在法国普伊勒堡（Pouilly-le-Fort），巴斯德开展了一次著名的药效试验。6 月 2 日下午，兽医、议会议员、科学家、新闻记者和各地农民如潮水般地涌入农场，想亲眼看看这一试验。这次试验是巴斯德的研究工作进入高潮的重要标志。

试验时，巴斯德把由普莱堡农场提供的 60 只绵羊分成三组：第一组有 25 只，先对它们注射炭疽病减毒疫苗，使其具备了免疫力后再注射有很强毒力的炭疽病菌；第二组也有 25 只，巴斯德不对其注射疫苗，只给它们注射与第一组绵羊同样的炭疽病菌；第三组有 10 只，不对其做任何处理。

试验结果显示，第二组绵羊在注射炭疽病菌后全部死亡，而第一、三组没有任何患病症状。这一试验结果和巴斯德所预想的完全一样，试验圆满成功，引起了巨大轰动。自此，减毒免疫学说（attenuated immune theory）传遍世界。

作为全球首个成功研制出炭疽病减毒活性疫苗的先驱者，巴斯德又一次拯救了畜牧业。他发明的免疫方法为全世界带来了难以估算的巨大经济利益。

仅在法国，这一方法就为其畜牧业增加了 50 亿法郎的

收入，折合 7.2 亿两白银，相当于当时法国一年的出口总值。英国科学家赫胥黎在评价巴斯德的贡献时说道："1871 年法国付给德国的战争赔款是 50 亿法郎，但是巴斯德一个人的发明就已经抵偿了这一大笔损失。"

这一系列的研究和发现，推动了巴斯德有关减毒免疫学说的确立，在很大程度上激发了广大科学家的热情。人们由此认识到，这一方法可以用来预防很多其他的传染病，帮助人类免受疾病折磨，保护人们的健康。

第五十三章
狗和兔子的故事

1881 年,巴斯德组成了一个三人小组开展狂犬病疫苗的研制工作。这是一项非常危险的工作,他们冒着被咬伤的风险,尝试采集狂犬的唾液。有次,为了采集唾液,巴斯德竟然在疯犬旁边耐心等待。

经过许多次的实验证实,他们发现确实有一种病原可以导致狂犬病,然而不同于霍乱和炭疽病的致病菌,通过常规的细菌培养和分离方法,并不能获得这种病原。这种未知的微生物,只能通过采集发病动物的感染样品来获取。

尽管遭遇了多次的困难与失败,巴斯德最终在患狂犬病的动物的脑和脊髓中,发现具有很强毒性的病原,进而推断狂犬病病原集中于神经系统。

人们当时还不知道有比细菌更小的病毒存在。细菌学说在那时正处于统治地位,巴斯德并未发现狂犬病病原是一种病毒。

通过实验,研究小组发现经过反复传代后,病原物质的

毒性会减低。巴斯德大胆地提出利用兔子来降低狂犬病病原体活性的设想。

他们将通过分离得到的病原体连续接种至家兔的脑中，并使其在动物体内传代。随后，再从死于狂犬病的兔子身上取出一小段脊髓，从中提取未知的病原，观察这些病原是否仍具有致命性。

这种使狂犬病病原经过多次传代的实验，类似于细菌在体外人工培养的操作程序。只不过，将细菌培养基换成了家兔，作为病毒传代的宿主。

经过 100 多次传代，并在不同阶段通过感染狗来验证病原毒力减弱的程度。最终，一条狗在接受了传代病原体的感染 28 天后，竟然存活并恢复了健康。这意味着，狂犬病病原的毒力已经很低，可以作为候选疫苗。

巴斯德他们再给这条狗注射未经传代处理的狂犬病病原，结果它并没有被感染。这证明巴斯德利用兔子来降低狂犬病病原体活性的设想是正确的，他对狂犬病疫苗的设计获得了成功。

后续的实验中，研究小组发现：未经干燥的脊髓仍具有很强的毒力，若将其制成针剂给狗注射，还会出现因感染而死亡的现象；而经过干燥后的脊髓毒力会被进一步削弱，将其制成针剂给健康的狗注射，实验狗都存活了下来。干燥可降低狂犬病病原的毒力。

研究小组将传代感染后获得的兔脊髓，在干燥瓶中放置14天后，取出研碎，用蒸馏水溶解，然后分装成为狂犬病疫苗针剂。

狂犬病疫苗终于研制成功。

第五十四章

"进化论"

为什么经过传代病毒便会减弱毒力？

按照达尔文"物竞天择，适者生存"的理论，病毒在经历连续多次传代的过程中，由于人们对其提供充足的营养，缺乏生存和竞争压力，其感染能力逐渐退化。当传代到一定程度时，病毒的毒力便降低至无法致病。

为什么经过干燥病毒也会减弱毒力？

水是"生命之源"，是一切生命存在的必要条件。在干燥的环境中，作为一种特殊形式生命的病毒，由于长时间缺水而部分死亡，剩下的病毒也因生存条件恶劣，其生命力和毒力均大幅减弱。

尽管狂犬病疫苗已被成功研发，但刚刚问世的疫苗在生产技术上并不成熟；同时，科学界对其安全性和有效性的争论，使得疫苗并没有被当即投入应用。

1885 年 7 月，前面提到的小男孩约瑟夫·梅斯特的出

现，使这一切得到了改变。小约瑟夫成为人类历史上首例通过接受狂犬病疫苗接种而被治愈的狂犬病患者。这是一个重要的里程碑，象征人类步入了新的免疫时代。

治愈小约瑟夫后不久，这年的 10 月一名 15 岁的放羊娃让–巴蒂斯特·朱皮耶（Jean-Baptiste Jupille）在抢救被疯狗袭击的同伴时遭严重咬伤。他被送到巴斯德那里，成为第二个被疫苗成功治愈的狂犬病病人。消息传开之后，世界各地的患者接踵而至，前来接受狂犬病疫苗注射。

次年，许多俄罗斯、英国、阿尔及利亚及法国的狂犬病患者，都慕名而来请求巴斯德对其开展治疗。在这一年中，他治疗了 1 726 人，除 10 人因时间耽误最终死亡外，其余均获得康复。

来自世界各地的贺信像雪片一样飞往巴斯德的实验室，他是当时全球唯一能拯救狂犬病患者的人。狂犬病疫苗成功用于人体预防，巴斯德的报告在丹麦哥本哈根召开的第二届国际医学大会上震惊四座，随后轰动全球并影响至今。

如今，在巴黎的巴斯德研究所外，仍坐落着记述朱皮耶见义勇为和巴斯德丰功伟绩的雕塑。1889 年，巴斯德研究所将生产技术已相对成熟的狂犬病疫苗推向世界，开始在俄罗斯、英国等国家广泛投入应用。

第五十五章
葡萄美酒夜光杯

　　法国盛产葡萄酒，但常常遇到葡萄酒发酸变质的问题，这给法国的葡萄酒业带来了巨大损失。1856 年，受困于酒变酸的问题，一家位于里尔城的酿酒厂濒临破产，厂长比戈找到巴斯德，请求他帮助解决这一难题。

　　通过在显微镜下对比观察好酒和酸酒，巴斯德发现：好酒里有一种小球状的微生物（酵母菌，yeast）；而酸酒里不存在该物质，但含有一种杆状细菌（乳酸杆菌，*Lactobacillus* sp.）。巴斯德意识到，杆状细菌是造成酒变酸的原因。

　　他进一步研究发现，如果将酒加热至 50～60 摄氏度，酒里的杆状细菌就会被杀死，再密封保存之后，酒就不会变酸了。他发明的这种灭菌法被称为巴斯德消毒法，简称巴氏消毒（pasteurization），亦称低温消毒法、冷杀菌法，一直被广泛使用到现在。

　　巴氏消毒是一种利用较低的温度既可杀死病菌，又能保持物品中营养物质风味不变的消毒法。被广义地用于需要杀死各种病原菌的食品领域。

巴氏消毒经后人改进，成为用于消灭啤酒、果汁、血清蛋白等液体中病原体的常用方法，也是当今世界通用的一种牛奶消毒法。有心的消费者会注意到，现在很多牛奶的包装上都标注了"巴氏杀菌乳"的字样。

巴氏消毒的原理是将混合原料加热至 68～70 摄氏度，并保持此温度 30 分钟以后急速冷却到 4～5 摄氏度。

不同的细菌有不同的最适生长温度和耐热、耐冷能力。一般微生物生长的适宜温度为 28～37 摄氏度。在一定温度范围内，温度越低细菌繁殖越慢，温度越高细菌繁殖越快；但温度太高，细菌就会死亡。

因为一般细菌的致死点为保持 68 摄氏度 30 分钟，所以混合原料经巴氏消毒处理后，可杀灭其中的致病性细菌和绝大多数非致病性细菌。将混合原料加热后突然冷却，急剧的温度变化也可以促使细菌的死亡。

经巴氏消毒后，混合原料中仍保留了小部分无害或有益、较耐热的细菌或细菌芽孢，因此巴氏消毒牛奶在 4 摄氏度左右的温度下，只能保存 3～10 天。

巴斯德认为，人类对微观世界是如此陌生，几乎闻所未闻，这是一个亟待探索发现的未知领域。他想既然这种微生物会使酒变酸，而通过加热消毒后又可长期保持酒不变质，那么人体因为生病或接受手术后发生的溃烂是不是也由微生物所导致？人的疾病是不是能通过杀灭这些致病微生物而被治好？

为了找到问题的答案，巴斯德认真研究了对人畜造成危害的不同疾病，如伤寒、痢疾、鼠疫、鸡霍乱、牛羊炭疽等，并发现了引发这些疾病的微生物，即细菌。微生物的确是可以引发各种传染病的源头，基于这一事实，"细菌致病学说"（germ theory of disease）便建立了起来。

自古以来，各种传染病肆虐给人类制造痛苦，致人死亡后又悄无声息地离去，"来无影去无踪"。人类不仅无法惩治"凶手"，甚至还不知道微生物这个"凶手"的存在。通过巴斯德的研究，人们终于逮住了这个隐藏得很深的元凶，使其悄然祸害人间的历史宣告结束。

第五十六章
丝"愁"征归

巴斯德除了通过研究为酿酒业避免了大量损失，他还拯救了法国的另一个支柱产业——丝绸业。

法国曾经以蚕丝产量占全球十分之一而自豪。19 世纪60 年代，欧洲内陆大部分蚕卵感染了疾病，法国的蚕丝工业亦遭厄运。人们到意大利，到西班牙，甚至到中国和日本去寻找健康蚕卵。

可是，这次的蚕病如此之猖獗，连蚕业发源地中国都受到了侵袭。人们发现不远万里从中国带回来的蚕卵孵化之后，其中大部分还是带病的。法国养蚕人想尽了办法，仍然治不好蚕病。

1865 年，因3 600 个市长、议长及养蚕者上书议会求助，而成立了一个研究蚕病的委员会。参议员、前农业和商业部长、化学家让–巴蒂斯特–安德烈•杜马（Jean-Baptiste-André Dumas）担任委员会主席。

杜马挑选了自己的学生巴斯德去迎战这个棘手的难题。

巴斯德自认对蚕一无所知，甚至连蚕的形态也不清楚，不肯贸然接受；但想到法国每年因蚕病要损失一亿法郎，最后还是勉强答应了。1865 年 7 月，巴斯德抵达养蚕重镇阿莱斯（Alès），亲身参与蚕病的研究。

病蚕的身上长满棕黑的斑点，就像粘了一身胡椒粉。得了病的蚕，有的孵化出来不久就死了，有的挣扎着活到第 3 龄、4 龄后也挺不住了。极少数的蚕结成茧，可钻出来的蚕蛾却残缺不全，它们的后代也是病蚕。

巴斯德用显微镜观察，发现一种很小的、椭圆形的棕色微粒，正是它感染到蚕和桑叶。为了验证"胡椒粉"的传染性，他把桑叶刷上这种致病微粒。结果健康的蚕吃了这些桑叶后立刻染病。

巴斯德还指出，放在蚕架上层的蚕的病原体，可通过落下的蚕沙传染给下层格子里的蚕。他告诉人们，消灭蚕病的方法很简单，通过检查淘汰病蛾，不用病蛾的卵来孵蚕，即可遏止病害的蔓延。

六年下来，借助巴斯德琢磨出来的病蚕识别技术和卫生防病策略，这次蚕瘟终于被遏制住，法国的丝绸业起死回生。

巴斯德还发现了蚕的另一种疾病。造成这种蚕病的病原，寄生在蚕的肠管里。它使整条蚕发黑而死，尸体像气囊一样软，很容易腐烂。

巴斯德在显微镜下发现的家蚕体内病原是寄生虫。后

来，科学家又发现了微生物病原，即细菌和病毒也能导致蚕病的发生。

家蚕脓病就是养蚕生产上最常见、危害较严重的一种疾病。家蚕脓病是由家蚕核型多角体病毒引起的，可通过病毒的"潜伏"在蚕体中"悄然"传递到下一代。该病害至今仍是家蚕养殖业的主要病害之一。

第五十七章
科学王国的完美先生

1892 年 12 月 27 日，法国索邦大学的大礼堂里座无虚席。在一片乐声和欢呼声中，路易·巴斯德在法国总统的搀扶下走上主席台。

这天是他 70 岁诞辰。上到国家元首和两院议长，下至学生和平民百姓，以及来自世界各地的科学家，纷纷前来祝寿，表达对他为人类健康事业做出卓越贡献的崇敬之情。

为什么巴斯德受到如此感激和爱戴，他到底是一位什么样的科学家呢？

巴斯德是法国著名生物学家、微生物学家和化学家，是近代微生物学的奠基人。

他于 1822 年出生在法国多勒（Dole）的一个普通工人家庭里，因家境贫寒而借钱上学。幼年的巴斯德在校成绩并不理想，之后他渐渐意识到求学的艰难，奋而用心读书。在学习过程中，他不怕别人嘲笑自己不聪明，对遇到的每个问题都会用心钻研，不彻底明白不肯罢休。

在一次关于分析磷元素的化学实验中，其他同学匆匆忙忙做完一次就结束；而巴斯德为了彻底明白问题，在课余之时买了许多猪、牛的骨头并把它们烧成灰进行处理，仔细地记录种种变化，还提取了约 60 克纯磷作为实验化学药品。每次通过做实验，巴斯德都学到许多新的化学知识，在中学毕业时成了班上的优等生。

1843 年，巴斯德成功考取巴黎高等师范学校。在大学学习期间，著名化学家杜马教授的新思想对巴斯德产生了极大吸引力。这使他从事化学研究的信念变得更加坚定，从而开始更加刻苦地学习，经常废寝忘食地在实验室里做研究。巴斯德 25 岁便被授予巴黎高等师范学校的博士学位。

在成功预防畜禽疾病后，巴斯德立即将减毒免疫理论应用到了防治人类传染病。他首先进行了防治人类狂犬病研究，在他的免疫理论的指导下，肺结核、白喉、脑膜炎、小儿麻痹症等都有了相应的疫苗来预防，各种不同的传染病疫苗被研制成功。

1895 年，巴斯德在巴黎去世，他为人类立下的不朽功绩永载史册。在他的努力下，微生物世界的奥秘得以揭示，人类真正地认识那些曾导致千万人死亡的传染病，其中包括 14 世纪肆虐欧洲大陆，由鼠疫菌（*Yersinia pestis*）引起的"黑死病"，以及许多其他细菌或病毒等致病微生物引起的人类传染性疾病。

他发明了有效防治传染病的途径——减毒疫苗，在人类对抗疾病的历史上揭开了光辉的一页。自 19 世纪中叶以来，

由于人类有效控制了传染病，全球人口的平均寿命延长了一倍。人类从某种意义上说，获得了"第二次生命"。

巴斯德的研究奠定了工业微生物学和医学微生物学的基础，并开创了微生物生理学。他因此被后人尊称为"微生物学之父"。

2005年，在法国开展的"最伟大的法国人"的评选活动中，巴斯德名列第二位，仅次于在第二次世界大战中领导自由法国运动并在战后建立法兰西第五共和国的戴高乐总统。

作为一位伟大的科学家，巴斯德同时注重理论和实践。虽然他生前身后常常有一些争议，但他被许多人誉为"进入科学王国的最完美无缺的人"。

第五十八章
赤子之心

　　在科学技术领域的努力和贡献使巴斯德赢得了广大法国民众的尊重。1888 年，法国政府专门成立了巴斯德研究所，由其本人担任所长，以表彰他的杰出贡献。

　　在该研究所成立的典礼上，巴斯德的儿子代表巴斯德宣读了一份讲话，其中有这样一段："当今，似乎有两条相反的规律正在互相搏斗着：一条流血与死亡的规律，总是在设想着破坏性和压迫各民族不断投入战场的新手段；另一条和平、工作和健康的规律，则总在发展着把人类从围困着它的灾难中解救出来的新方法。"

　　可以这样评述，为了实践第二条规律，为了捍卫全人类的健康和福祉，巴斯德贡献出了全部生命和智慧。

　　巴斯德在不同场合说过："科学没有国界。"他提倡科学真理属于全人类，而且科学成果应由全人类共享。

　　征服狂犬病的消息传开之后，欧洲大陆乃至全世界都为之振奋鼓舞。巴斯德一直秉承科学家崇高的责任感和使命

感，为世界各地慕名而来的患者进行治疗，获救的人不分国家、不分种族。

在俄国的斯摩棱斯克地区，一条疯狼在被砍死前共咬伤了 19 个农民。人们急忙把受害者带到巴黎去寻求巴斯德的帮助。鉴于严重的伤势和较长的时间耽搁，巴斯德决定采取狂犬病疫苗加倍接种治疗。

这些俄国人头上和胳膊上扎着绷带，身着厚厚的皮大衣，默默排队等待接种疫苗……他们都不会讲法语。尽管接受治疗时已是这些人被咬伤的第 15 天，但巴斯德最终奇迹般地治愈了其中的 16 人。

巴斯德成长于一个有着爱国主义情怀的家庭，他的父亲曾是一名军士长。受法国国民自卫军爱国主义精神的激励，巴斯德主张：科学是国家繁荣的灵魂，是一切进步的活源泉。

上大学之后，巴黎高等师范学校浓厚的爱国氛围，以及导师杜马、毕奥的爱国主义思想，都对巴斯德产生了深远的影响。1848 年，法国爆发资产阶级革命，七月王朝被推翻。巴斯德和同校学生一起加入了国民自卫军，他还捐献出自己仅有的 150 法郎。

普法战争于 1870 年爆发。法国被普鲁士打败，大片领土随之被普鲁士占领。消息一经传开，部分惊慌的法国人十分悲观，担心国家就此灭亡。

巴斯德得知这一消息后，挥舞着手臂朝朋友们大喊："悲

观没有用，只有奋起抵抗才能拯救祖国。"他匆忙冲入书房，找出波恩大学 1868 年授予他的名誉医学博士证书，同一封信一起塞进信封里。

在信中他写道："今天，我一见到这纸文凭就使我深恶痛绝，当我见到我的名字列入你们授勋的最著名人物中，见到我的名字置于从今以后遭到我国诅咒的威廉国王的庇护之下，我觉得受到了冒犯。"

随后，他在信封上写下："寄普鲁士波恩大学……"

"你这是做什么？"朋友们惊愕地问道。

"退给他们!"

"退回去？"朋友劝说道，"巴斯德，你说过，科学是没有国界的!"

巴斯德回答说："科学虽没有国界，但科学家却有自己的祖国。"

这一番掷地有声的话语，体现了一位科学家高尚的爱国情怀，成为一句永存的爱国名言。科学不分国界和科学家的爱国主义情怀之间并不存在矛盾。

在庆祝他 70 岁诞辰的典礼上，巴斯德在演说中为他的这个著名言论作了完美的注解："首先你们要对自己说'我为自己的学习做了些什么？'然后，随着你们的成长，要对自

己说'我为自己的国家做了些什么？'直至你们可以非常自豪地说'我为人类的进步和利益贡献出了一点东西'。一个人的工作虽然多少受到生活的制约，但是只要他在勇敢迈向人生的目标，他应该有权对自己说'我做了力所能及的事。'"

在 50 多年的科学研究生涯中，巴斯德始终坚持不懈地努力，不断实践着自身的追求和愿望。他以实际行动和精神，在法国人的心中塑造了一座丰碑，并被誉为国家"最伟大的民族英雄"。巴斯德的科学贡献和爱国情怀给后世留下了丰富的遗产，鼓舞着人们不断投身科学事业。

光明的时代，是由创造的智慧和探寻的勇气点燃。

渊源·雅典娜之盾

"美杜莎能将敌人变成石头却因影像反射而被杀,并被镶嵌在了雅典娜的盾牌中。"

——病毒被制成疫苗后,人体反而可以产生抵抗力预防病毒,科学实践了以毒攻毒的经典理论。

第五十九章

正气存 邪不侵

公元前 430 年，在雅典暴发了一场瘟疫。古希腊历史学家修昔底德（Thucydides）发现，那些在上次瘟疫流行时患过病的人，在瘟疫再次流行时却安然无恙。这或许是目前有关"免疫"现象的最早描述。

"免疫"的英文 immunity 来源于罗马时期的拉丁文词汇 immunitas，具体指免除个人劳役或对国家的义务。在中国医学中，"免疫"一词最早出现在明代医书《免疫类方》中，指"免除疫疠"，即防治传染病。

中国古代医学通称中医，从古代的夏商一直延续至今，是神州大地灿烂文化中的一颗璀璨明珠。中医独特的理论体系传承至今，并在指导疾病诊疗的实践中发挥着重要的作用。我国古代医学很早就存在有关免疫学的概念。

《黄帝内经》由《灵枢》和《素问》两个部分组成，是中国最早的医学典籍。"正气存内，邪不可干"正是出自于《黄帝内经》之《素问·刺法论》，在《素问·评热病论》中又有"邪之所凑，其气必虚"。

中医所谓"正气"即对疾病的抵抗力，其与人体维持一切正常活动及抵抗疾病的能力有关，也包含人体的免疫能力；"邪"即致病因子。"正气存内，邪不可干"意味着人体自身强健，有外邪入侵也不易生病，即使得病也可治愈，突出了免疫功能的重要性。

尽管在文明进程中，人类历经了许多疾病暴发带来的劫难，但极少发生一旦感染某种病原体就必然导致死亡，或者某种病原体必然能够成功传播。这说明，人类并非是完全消极地躲避疾病的威胁，自身也具备抵御疾病的能力。

免疫之正气来源自身体的免疫功能，维护好个体的正常生理活动，就是增强自己的抵抗力。《黄帝内经·素问·四气调神大论》中阐述了"不治已病治未病，不治已乱治未乱"的观点。将"未病"和"未乱"纳入"治"的范畴，可以说是预防医学指导原则的体现，也即包含了主动免疫的思想，提前防范可能发生的疾病，使人远离"病"和"乱"。

随着，人类对病毒的认识不断深入，我们知道病毒也是一种生命形式，并非所有的病毒都能引起人类疾病。然而，当人们面临引起疾病的病毒感染，自身抵御该疾病的能力有限时，可以借助疫苗等预防医学手段，来激发自身潜在的免疫力，识别和对抗来袭病毒，获得新的自身健康保护能力。

《黄帝内经》这部医学典籍记载了大量中医基本理论，包括病因机制和诊治原理，以及疾病预防和养生学说等。书中论述了人体因受到致病因子侵入发病，并产生的病理变化的内在规律，以及外界条件对机体健康的影响，还有在不同

条件下的医学诊治。

书中介绍了人与自然相生相应的思想，并不孤立地把人从环境中隔离开来，而是认为人和自然万物一样，遵循着生命活动的基本法则。《素问·宝命全形论》中有"人以天地之气生，四时之法成"，将人类活动与自然变化相对统一地认识，适应环境的变化和调养自身的机能，以祛除疾病并维护健康。

在中医的发展历程中，涌现出一批杰出的医学家。他们在几千年的历史长河中，对中华民族的繁荣发展和世界医学的进步做出了巨大的贡献。

第六十章
医圣

东汉末年，时局动荡，战乱不断，灾疫泛滥。无数人被病魔折磨，引发的空前灾祸造成了地广人稀。曹植在《说疫气》中写道："建安二十二年，疠气流行，家家有僵尸之痛，室室有号泣之哀。或阖门而殪，或覆族而丧。"

这一时期，各地相继暴发了不同程度的瘟疫。严重的地区，甚至发生区域性的人口灭绝，其惨烈程度丝毫不亚于战争的严酷。又加上烽烟四起，整个社会极为动荡不安，难以有效地组织防控疫病的蔓延。感染瘟疫的牛马等动物也常常四散传播。这次大瘟疫传染性非常强，并且发病率高，致病致死严重，在当时被称作"伤寒"。

三十年之间，有记载中的全国性瘟疫竟有十二次之多，可见当时疾病流行和暴发的危害之巨。仅在洛阳地区，当时一大半人的生命因为战乱和瘟疫而丧失，"是月大疫，洛阳死者大半"。

根据史料记载，公元 156 年，全国人口大约五千六百万，至公元 280 年，全国统计人口大约仅一千六百万，人口数字

对比实在令人触目惊心。南阳人张仲景就生活在这个人口锐减的东汉时期。

张仲景家族原有二百多人。不幸的是，他的家族中有三分之二的人在十年内相继死于疫病。这坚定了他学习医术的决心。《伤寒论·序》记载："余宗族素多，向余二百，建安纪年以来，犹未十稔，其死亡者，三分有二，伤寒十居其七。"

他担任长沙太守期间，曾四处收集医方，集聚毕生精力著就《伤寒杂病论》，"道经千载更光辉"，终成一代"医圣"。《伤寒杂病论》中所确立的辨证论治原则是中国古代医学的临床根本原则，更是中国古代医学思想的重要灵魂。

张仲景从小天资聪慧，勤奋好学，尤其喜欢研讨医学著作，善于勤求古训、博采众方。他说："孔子云：生而知之者上，学则亚之，多闻博识，知之次也。余宿尚方术，请事斯语。"用以表明医学没有止境，必须终身坚持学习。

《伤寒杂病论》中所提及的伤寒是外感病的总称，其中包含传染病瘟疫。张仲景将南阳大疫中发生的此类传染病归属于伤寒病，提出治疗以"扶正祛邪"为总体原则，贯彻"扶阳气、存阴液"的基本精神，调整人体正常的阴阳平衡，提高机体抗病能力的治疗大法。

今天我们所说的伤寒，是指由伤寒沙门菌（*Salmonella typhi*）引起的一种疾病，具有很高的传染性。其临床发病症状包括高烧、腹痛腹泻、头疼等，甚至发生肠道出血，严重者会导致死亡，与古时"伤寒"的症状相似。伤寒沙门菌通

过水源污染、感染者或是排泄物接触等途径传播。古代的"伤寒"则是涵盖了伤寒沙门菌等引起的传染病的统称。

据现代免疫学研究，张仲景著作中的那些方剂里的许多味中草药，可明显促进机体免疫功能的恢复，具有临床疗效。此外，在病因辨证方面，张仲景强调"遭邪风之气，婴非常之疾"的外因说的同时，更注意强调内因。他认为"不固根本，忘躯徇物，危若冰谷"，已经充分认识到提高人体"正气"——对疾病的抵抗力，即我们现在所说的免疫力，才是最关键的本元。

第六十一章
仙翁

葛洪是东晋时期的道教炼丹家、医学家。他出身江南士族，十三岁时丧父，家境渐贫，以砍柴所得，在劳作之余抄书学习，常至深夜。葛洪号"抱朴子"，取自《老子》"见素抱朴，少私寡欲"之意，人称"葛仙翁"。

古代西方的"炼金术士"，就是现代化学家的前身。在东方的"炼丹术士"里，葛洪可以被称作是"殿堂级"的"上仙"。《抱朴子》书中记载："丹砂烧之成水银，积变又还成丹砂。"丹砂就是红色的硫化汞，加热后分解能够得到液态的水银，而水银与硫黄反应又可合成为硫化汞，还原成红色的丹砂。

葛洪的一生颇具传奇色彩，他在临床急症医学方面也做出了突出贡献。古代人们称急性传染病为"天刑"，认为是鬼神作怪。葛洪十分注重对这类疾病的研究，他在书中写道，急病不是鬼神引发的，而是受外部的疠气影响，并指出外界的物质因素引起急病。能拥有这种认识的葛洪，在其所处的时代很令人刮目相看。

他广泛搜集前代名医药方，并撰成《金匮药方》百卷，

后节略为《肘后备急方》四卷，简称《肘后方》。该书开辟了中医关于传染病研究的先河，书名即体现了鲜明的急症特色，可在手肘后方随取可及，以备急症之方也。

在这部医学奇书中，记载了许多珍贵的医学资料。比如，对天花感染的病例，以及疾病感染和传播的情况，都有着明确的记载：这种疾病传染迅速，发病时从头面到全身皆长疮，形状如同火焰，其中有白浆流出，重症患者大多因病而亡，即便病愈后，皮肤上的紫黑色疤痕，一年之后才会慢慢消退，并留下感染的印记。

在关于结核病的描述中，也特别强调了其传染性的特征，并且呈现出各种不同的感染情况：患者会感到发烧疲倦、精神恍惚，身体健康状况恶化逐渐，发病严重致人死亡。他还首次记载了恙虫病等寄生虫引起的传染病，病原"甚细略不可见"。

在《肘后方》中记载了一种由犬咬人而导致的疾病，即现在的狂犬病：人被疯狗咬了之后非常痛苦，受不得一点刺激，只要听见敏感声音，就会抽搐痉挛，甚至倒水的响声也会引起抽风，因此也被称为"恐水病"。

疟疾是一种由疟原虫感染而引起的传染病，临床表现通常为间歇性全身冷热发作，症状反复多次发作后导致贫血和脾损伤，严重时可致人死亡，古时称之为"寒热症"。

南美印第安人发现了当地的金鸡纳树皮能够治疗疟疾，于是将树皮晾干后研磨成粉，作为治疗疟疾的药物。这种药

物经欧洲传入中国，名为"金鸡纳霜"。后经提取其有效成分，命名为"奎宁"，即"树皮"之意。随着疟原虫耐药性的不断增强，奎宁作用功效有限且不良反应较多，全世界都希望能找到一种更加有效的抗疟新药。

1967 年，我国启动抗疟新药的研制工作。为了有效地治疗和防控疟疾，在全国范围内，共有六十多家单位的五百多名研究人员，共同参与到这项任务中来。

北京中药所的屠呦呦在《肘后备急方》中找到灵感："青蒿一握，以水二升渍，绞取汁，尽服之。"于是，研究组突破中药常常使用的煎熬之法，避免在高温下破坏抗疟物质，并优化分离技术和方法，用乙醚为溶剂提取出青蒿有效成分，发现了用于治疗疟疾的药物——青蒿素。屠呦呦教授因此获得 2015 年诺贝尔生理学或医学奖。

第六十二章
神医

华佗又名华旉，字元化，为东汉末年杰出的医学家，尤精于外科及针灸。他是中国外科手术的先驱，被后人称为"外科圣手"，亦被称作"神医华佗"。

华佗非常擅长于对症施药，在为病人诊治时，并不一概而论开方用药，而是仔细地琢磨病情和具体情况，然后再根据不同的病情予以处置。这样的对症疗法，对于现代医学仍非常具有指导意义，也是现代医学科学诊断的基本原则。

疾病发生时，摸清楚致病的病原，才能够有效掌握主动权。比如，防控病毒引起的疾病时，明确病毒的传播途径和宿主源头，才能有效地阻断传播和防范扩散。针对性地实施药物治疗和护理，是最为科学合理的健康选择。

华佗尤为注重养生和预防保健，并身体力行，在理论和实践方面有其独到之处。他曾说："人体欲得劳动，但不当使极耳。动摇则谷气得消。血脉流通，病不得生。譬犹户枢不朽是也。"译作白话即为，身体应适当地劳作和运动，然而却要避免过于疲累，这可以促使全身的血液循环和流通，

保持良好的身体状态，使得人体不生疾病，如同门户的枢轴时常活动，而不轻易腐朽。

华佗继承和发展了前人"圣人不治已病治未病"的预防理论，在《庄子》"二禽戏"的基础上创编了"五禽戏"，分别为虎、鹿、熊、猿、鸟，来舒展筋骨、畅通经脉、防病祛病。通过五禽戏，人可以锻炼身体，提升身体机能，增加体内"正气"进而抵挡外"邪"侵入。

在《后汉书》的华佗传中记载："吾有一术，名五禽之戏：一曰虎，二曰鹿，三曰熊，四曰猿，五曰鸟。亦以除疾，兼利蹄足，以当导引。体有不快，起作一禽之戏，怡而汗出，因上著粉，身体轻便而欲食。普施行之，年九十余，耳目聪明，齿牙完坚。"

体育锻炼在华佗创造性的医学实践中得到升华。他结合平生所学与对自然生灵的观察，模仿五种代表性动物的形态，融汇入健康养生的运动中。每一套刚柔相济的动作，既适应人体活动代谢的基本规律，又表现出动物特有的形象和气质。

虎，目光炯炯有神，摇头摆尾；鹿，舒缓恬静，仰颈顾盼；熊，厚积稳重，雄浑有力；猿，起跃灵活，体态多变；鹤，悠然轻盈，舒展隽秀。"五禽戏"中这些活动，可以锻炼身体的运动系统、呼吸系统、消化系统、神经系统、免疫系统。通过这一系列的活动，有益地使血脉活络，维持身体机能的健康状态。

华佗本人"兼通数经，晓养性之术"，并且"貌有壮容"。师承华佗医学思想的实践者，他的学生吴普用这种方法强身，活到九十岁还是耳聪目明，齿发坚固。

华佗还发明了世界上最早的麻醉剂"麻沸散"。他采用酒服麻沸散施行腹部手术，开创了全身麻醉手术的先例。这种全身麻醉手术，在中国医学史上是空前的，在世界医学史上也是罕见的创举。

神医华佗精于手术，善用汤药，擅长针灸且有超人之处。他的针灸医术精湛，"若当针，亦不过一两处，下针言'当引某许，若至语人'，病者言'已到'，应便拔针，病亦行差"。他曾反复研究，提出取穴新方法。

现代不少研究表明，这种传统的灸法和刺法可以调整机体免疫功能，增强巨噬细胞的吞噬功能，有利于调动机体的免疫功能并提高自身保护的能力。

第六十三章
健康的奥秘

作为一门研究免疫系统结构与功能的学科，免疫学发源自医学和对疾病免疫原因的早期研究。18 世纪以来，一代代科学家们不断探索和发现，渐渐揭示着免疫系统的奥秘。

爱德华·琴纳医生在 18 世纪发现，挤奶女工在感染牛痘后具有抵抗天花的免疫力，发明了利用牛痘疫苗来预防天花的方法，开创人工免疫的先河，被视为免疫学科的开端。

从发明牛痘疫苗以后，免疫学的发展停滞了将近一个世纪。到 19 世纪末，随着微生物学的不断发展，相继发现了很多病原微生物，从而推动了免疫学的进步。

路易斯·巴斯德通过减弱微生物的毒力发明了减毒疫苗，并制备出炭疽菌苗、狂犬病疫苗等，不仅为实验免疫学建立了基础，而且为疫苗的发展开辟了道路。

尽管早期的实验免疫学源自于微生物学，但前者更深入地研究病原与宿主之间的关系，因此推动免疫学比之前的微生物学更进一步发展。

1890 年，德国科学家埃米尔·阿道夫·冯·贝林（Emil Adolf von Behring）和日本医师北里柴三郎（Kitasato Shibasaburo）合作发表了一篇文章，报道说他们对动物注射白喉（diphtheria）脱毒外毒素，在血清中发现一种物质，能中和白喉外毒素，并将之称为抗毒素（antitoxin）。

这种中和毒素的能力可以转移给正常动物，使这些动物也获得抵抗白喉毒素的免疫力。随后，贝林用来自动物的免疫血清成功治愈了一名白喉患者，开了免疫学领域血清疗法（serotherapy）的先例。这种方法很快被应用于临床治疗。

之后，科学家发现在免疫动物或传染病患者的血清中，有多种能与微生物或其产物发生结合反应的物质，并将其称为抗体，而将引起抗体产生的物质称为抗原。由于抗体和抗原二者可发生特异性结合，血清学诊断方法便由此建立，并用于传染病的防控。

随着免疫学研究的不断深入，19 世纪末，俄国动物学家伊利亚·伊里奇·梅奇尼科夫（Илья Ильич Мечников）和德国免疫学家保罗·埃尔利希（Paul Ehrlich）对免疫机理的认识方面做出了巨大贡献。前者发现了吞噬细胞的作用，奠定了"细胞免疫"（cellular immunity）理论的基础；后者则建立了侧链学说，奠定了"体液免疫"（humoral immunity）理论的基础。

作为现代免疫学理论的奠基人，他们二人分别提出的这两大理论，对免疫学的发展产生了重大影响，初步完成了学科理论体系的架构，使免疫学从此成为一门独立的学科。

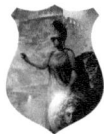

1958 年，澳大利亚免疫学家弗兰克·麦克法兰·伯内特（Frank Macfarlane Burnet）提出了一种抗体形成学说——克隆选择学说（clonal selection theory）。这一学说的提出，促进了淋巴细胞研究的热潮，并推动了对细胞免疫应答和免疫耐受的分子机制的揭示。

该学说认为在个体发育中淋巴细胞分化成多种多样带有不同抗体的细胞；一种抗原侵入，只与具有这种抗原互补受体的少数淋巴细胞结合；在抗原刺激下，这种淋巴细胞就恢复了分裂的能力，连续分裂产生大量分泌同样抗体的淋巴细胞群。

1960 年，伯内特和彼得·布赖恩·梅达沃（Peter Brian Medawar）因发现获得性免疫耐受（acquired immunological tolerance）获诺贝尔生理学或医学奖。这一发现成为免疫学从基于抗体研究的免疫化学转向基于细胞研究的免疫生物学的标志。

在此之后，免疫学渐渐进入了分子免疫学的层级。

在《免疫学史》一书中，免疫学的发展历程被分为繁荣的细菌学时期、沉寂的免疫化学时期和复兴的免疫生物学时期三个阶段。

当疾病防治的先驱者们研制出疫苗时，疫苗的免疫机理还不被人们所认识。

机体的免疫系统是怎样构成的？

机体对病原微生物的免疫力是如何形成的？

疫苗免疫机体后是怎样发挥作用的？

伊利亚·伊里奇·梅奇尼科夫和保罗·埃尔利希的研究
为解答上述问题奠定了坚实的基础。

第六十四章

细胞"巨人"

梅奇尼科夫出生于乌克兰的军官贵族家庭,自幼非常热爱自然。尽管他的三个哥哥投身法律学习,其中一位还成为法官,他却对科学知识十分感兴趣,尤其是正在蓬勃发展的微生物学,常常去旁听新的课程。

他大学期间开展动物学研究,用显微镜观察水中的原生动物,毕业后曾执教于圣彼得堡的大学。由于发表了对沙皇政权的不利言论而受到追捕,他于 1882 年逃至意大利西西里岛,后任职于法国巴斯德研究所。

1862 年,德国生物学家恩斯特·海因里希·菲利普·奥古斯特·黑克尔(Ernst Heinrich Philipp August Haeckel)发现,白细胞能够吞噬染料颗粒。1882 年,梅奇尼科夫研究动物学时也发现了类似的现象。在海星幼虫的细胞中,一种可移动的特殊类型细胞进入了他的视野。这种细胞具有将入侵的异物包围的功能,如在实验中吞噬靛蓝染料颗粒。

梅奇尼科夫认为,在动物及人体细胞中都能发现的这种类似细胞行为,是一种生物自我防御机制。随后,他又在一

些腔肠动物，包括水螅、管水母和水螅水母的胚胎中发现了内部无腔的消化器，并以此提出：在动物进化的过程中，最原始的消化器官缺乏明显的腔肠，食物能被其细胞直接吞噬以获取营养。

此外，在动物的消化器官之外，他还找到了可游走的、具有吞噬功能的细胞。通过显微镜观察，他发现这种具有吞噬功能的细胞会"吃"掉那些发生衰老的细胞。

梅奇尼科夫设想：这种细胞也许不但会"吃"机体自身的衰老细胞，还会"吃"外来的病原微生物，如细菌等，并将这种细胞称为巨噬细胞（macrophage）。

19 世纪 60 年代发现微生物是传染病的病原时，巴斯德认为人体内一定有某种抵抗病原微生物的系统，但他一直未能弄清楚这种系统是什么。

当时，人们对于免疫的认识是基于已有事实的推断。普遍认为，在疫苗的刺激作用下，血液中存在某种抗病的物质，随着血液循环在全身流淌着，当病原入侵时，这种物质就能够将其消灭。

人们从接种的动物或者人体内分离出的血液，确实具有抗病的功能，这一事实很好地证实了上述观点。这使得许多人对于梅奇尼科夫的"巨噬"模式持怀疑态度，认为他把动物世界的撕咬，强行带入了微生物世界。

在德国，微生物学家海因里希·赫尔曼·罗伯特·科赫

（Heinrich Hermann Robert Koch）领导的研究机构发现了血液中的抗菌功能，并致力于研究这种体液反应的本质，因此并不认可梅奇尼科夫的细胞抗菌研究。在法国，巴斯德却对他的这一发现感兴趣，并鼓励他来到法国的研究所，继续从事研究吞噬细胞的机制。

随后，梅奇尼科夫证实了，巨噬细胞与随后发现的淋巴细胞等白细胞，及其他组织一道构成防御系统，"吃掉"病原微生物，以实现保护机体健康的功能。他验证了这种细胞能够吞噬并清除细菌。整个医学界为梅奇尼科夫的吞噬细胞理论所震撼。

1884 年，梅奇尼科夫经巴斯德推荐担任了巴黎大学教授和巴斯德研究所副所长。在此之后，经过进一步研究，他建立了系统的细胞免疫理论，被称为"细胞免疫之父"。

第六十五章
"钥匙"和"锁"

保罗·埃尔利希出生于德国西里西亚，在莱比锡大学获得医学博士学位。此后，他协助特奥多尔·弗雷里希斯（Theodor Frerichs）教授从事生物组织染色研究。通常在医学检验报告中看到的嗜碱性粒细胞、嗜酸性粒细胞和中性粒细胞，就是根据染料的酸碱性来分类。

1890年，埃尔利希加入由罗伯特·科赫领导的柏林传染病研究所，并用他发明的抗酸染色法协助科赫更好地观察研究结核杆菌。他还参与了破伤风和白喉抗毒血清的研制。

科赫是一位德国医生、微生物学家，是细菌学的奠基人和开拓者，被称为"细菌的克星"。他证明了特定的微生物是特定疾病的病原，发现了炭疽杆菌（*Bacillus anthraci*）、霍乱弧菌（*Vibrio cholerae*）、结核分枝杆菌（*Mycobacterium tuberculosis*）等病原。

科赫发明了用固体培养基的细菌纯培养法，制定了经典的"科赫法则"。这一法则已成为证明一种微生物是某种病害的病原所采用的一般原则，它包括四个步骤：一种微生物

经常与某种病害有联系；从病组织上可以分离得到这种微生物；将培养的菌种接种在健康的寄主上，可诱发出与原来相同的病害；从病组织中能再分离到这种微生物。

科赫法则成了细菌学的"国际标准"。那一时期，科学家不断发现人类传染病病原。紧接着，人类如何应对细菌威胁、防治传染病的研究，成为科学界竞相攀登的高峰。

此时，在柏林传染病研究所，以血液抗菌功效为重点研究方向的团队，已经取得了重大突破，贝林和北里柴三郎发明了白喉抗毒素血清的医学治疗方法。埃尔利希参与研究了抗毒素血清纯化，以提高抗毒功效。这一疗法在临床上大获成功。

抗血清疗法是通过某种病原免疫动物后采集血清，输入相关病原引起的疾病患者体内，借助动物血清中的有效免疫抗病物质实现对人体疾病的治疗效果。在患病恢复期间的病人，血清中也会产生相应免疫能力，可以被用来治疗其他患者，成为一种经典的传染病治疗方案，常用于临床医疗的应急救治。

在抗血清疗法研究中，埃尔利希提出了基于"毒素-抗毒素"的初步构想，即对于不同的外来物质，在组织和细胞中存在对应的不同反应。

1897 年，埃尔利希提出了著名的"侧链学说"。他认为，毒素等外来物质含有特殊的"毒性簇"，细胞上有特殊的"侧链簇"，抗毒血清能够特异性地中和毒素，具有保护细胞的

免疫能力，就是因为"毒性簇–侧链簇"之间特殊相互作用。这一理论经过演变发展，逐渐形成了现代免疫学中的"抗原（antigen）–抗体（antibody）"理论。

抗原是一类能刺激机体免疫系统使之产生特异性免疫应答，并能与相应免疫应答产物（抗体或抗原受体）在体内外发生特异性结合的物质，如细菌、病毒、蛋白质毒素、异种动物血清等。抗原具有结合基或"侧链"，被埃尔利希称为"结合簇"。抗体是能与相应抗原（表位）特异性结合的具有免疫功能的物质，同样具有"侧链"或"结合簇"。

因为自身化学性质的差异，抗体"结合簇"只能结合特定的抗原物质"结合簇"。抗体与抗原结合后，机体通过吞噬、消化作用将抗原清除，或使其失去抗原功能。抗原激发所产生的抗体，一部分直接与抗原结合发挥保护功效，另一部分通过血液及体液循环系统遍布全身，发挥预防功效。

埃尔利希是首个建立抗原–抗体理论和运用化学反应解释免疫过程的人，因此被称为"免疫化学之父"和"体液免疫之父"。

第六十六章
免疫系统

梅奇尼科夫和埃尔利希分别从"吞噬"和"抗体"的视角揭示了机体的免疫功能，不仅帮助人们初步认识了免疫系统，而且解释了疫苗会产生免疫作用的原理。

免疫功能可分为自然免疫和获得性免疫，主要是指机体应对病原攻击的两种防御机制。与生俱来的称为自然免疫；经过后天感染（病愈或无症状）或通过疫苗、类毒素、病毒等抗原人工预防接种，使机体产生抗病能力的称为获得性免疫。

自然免疫又称非特异性免疫，能抵抗一般病原微生物的侵袭，通常对病原微生物的免疫保护力较弱。获得性免疫一般是针对特异性的病原微生物，在病原微生物等抗原刺激之后形成较强的免疫保护力。

疫苗是含有某种特定的细菌或病毒抗原的物质，其进入人体后能够促使机体产生特定的抗体，获得对特定的细菌或病毒的免疫力。由于其中的抗原没有毒力或毒力较弱，疫苗不会引发传染病。

琴纳发明的天花疫苗是从自然界筛选的弱毒痘病毒。牛痘病毒本身对人致病力较弱，可以制成弱毒疫苗。巴斯德研制的狂犬病疫苗是通过人工多次传代和干燥等方法，使狂犬病病毒的毒力减弱，而获得的减毒疫苗。

在血清疗法中，将动物或人体内产生的抗体等免疫物质，输入被治疗患者体内，直接用于针对某种病原的临床治疗，反应速度快并产生免疫功效。然而，这种治疗方法的血清不是机体自身产生的，因此不能让机体主动产生免疫能力，并且还会因被机体的免疫系统识别后慢慢清除而失去功效。

相对抗血清疗法的被动免疫，用疫苗防治疾病被称为主动免疫。通过疫苗等抗原物质的接种，人体免疫系统在抗原的刺激信号作用下，开始启动应对外来入侵的免疫反应。病原首先被免疫细胞所识别，然后细胞释放出一系列信号分子，产生细胞之间"联动"的"激活"程序。

一部分细胞开始分化和发育成为抗体分泌细胞，产生特异性的抗体。抗体通过自身表面的"结合簇"与抗原表面的"结合簇"发生生化反应，结合在相对应的入侵病原上，使得病毒等病原失去活性，无法再继续感染正常细胞。

抗体随着人体血液和体液循环系统，在全身继续搜索和消灭来犯之敌。这种主动免疫不仅仅具有免疫功效，而且是人体细胞本身启动的防御机制，在免疫系统中形成了主动保护的生理状态。因此，具有更强的免疫效果和更持久的保护时间。

　　这一过程中，人体免疫系统还会产生一种记忆细胞。经历了主动免疫，就相当于在体内防御体系"数据库"中，又新增了一项"专攻"技能。假如又有类似的病原再次入侵，记忆细胞马上就会被"唤醒"，"召唤"出一大批抗体前来应战。这也正是疫苗保护人类健康的神奇力量的源泉。

　　人体免疫系统的另一部分细胞，将会产生细胞免疫的抗病毒效应。一分部巨噬细胞将被激活，直接吞噬入侵的病毒，或者将病毒抗原紧紧"包裹"起来，"读取"病毒特有的抗原"信息"，并把这些信息通过细胞"联动"，传递给体液免疫反应的抗体分泌细胞，协同发挥抗病毒等免疫功效。

　　毒性细胞是更为强劲的一种免疫细胞"保镖"，在接收到细胞间传递的"警报"后，自然杀伤细胞带着"杀气"直奔"战场"。它们的主要目标不是病毒本身，而是被病毒感染的细胞。当自然杀伤细胞与染毒细胞接触后，释放穿孔素等毒性物质"武器"，"专杀"染毒细胞，清除潜在的细胞感染源威胁，而未被病毒感染的细胞却能避免被伤害。

　　在琴纳和巴斯德的时代，他们并不清楚疫苗防治疾病的本质，但他们通过细致的观察和耐心的实验，为人类健康事业做出了巨大贡献。

第六十七章
诺贝尔奖一百年

一百多年前，瑞典化学家阿尔弗雷德·伯恩哈德·诺贝尔（Alfred Bernhard Nobel）深感探索生命科学的奥秘对人类自身发展的重要意义，更期望将科学发现应用到医学实践中。这也许是当年诺贝尔设立"生理学或医学奖"的初衷。

在科学领域实现理论突破，并将研究成果广泛应用，始终是诺贝尔奖评选的重要标准之一。免疫学的研究成果如疫苗、移植、免疫耐受等可直接用于疾病防治，对抗原、抗体和免疫应答过程的研究也直接促进了现代生物医药产业的兴起。

1901 年，因发现了"抗毒素"以及在用动物血清治疗白喉患者方面取得了巨大成功，德国科学家埃米尔·冯·贝林被授予第一个诺贝尔生理学或医学奖。那时的"抗毒素"是如今免疫学上"抗体"概念的雏形。

伊利亚·梅奇尼科夫和保罗·埃尔利希在机体免疫系统研究方面取得了巨大成就。他们提出的细胞免疫和体液免疫学说奠定了免疫学科的理论基石。1908 年，二人共同获得诺

贝尔生理学或医学奖。

弗兰克·伯内特和彼得·梅达沃提出并证明了胚胎期形成免疫耐受的概念。二人因此于 1960 年被授予诺贝尔生理学或医学奖。

1984 年的诺贝尔生理学或医学奖，由尼尔斯·卡伊·杰纳（Niels Kaj Jerne）、乔治·让·弗朗茨·克勒（Georges Jean Franz Köhler）和塞萨尔·米尔斯坦（César Milstein）三人共同获得，以表彰他们发明单克隆抗体技术的贡献。

约瑟夫·爱德华·默里（Joseph Edward Murray）和爱德华·唐纳尔·托马斯（Edward Donnall Thomas）因在伯内特和梅达沃的研究的基础上，进行器官移植中用使用"诱导耐受"抗移植排斥研究所取得的成果，获得了 1990 年诺贝尔生理学或医学奖。

彼得·查尔斯·多尔蒂（Peter Charles Doherty）和罗尔夫·马丁·辛克纳吉（Rolf Martin Zinkernagel）因发现细胞的中介免疫保护特征，共同获得 1996 年诺贝尔生理学或医学奖。这一研究成果是现代分子免疫学的基础，为许多疾病的治疗提供了建设性理论。

斯坦利·普鲁西纳因发现朊病毒获得 1997 年诺贝尔生理学或医学奖。他的研究为生物学引入了全新的观念，即蛋白质自身也可以成为人或动物传染病病原。

2011 年的诺贝尔生理学或医学奖，颁给了布鲁斯·艾

伦·博伊特勒（Bruce Alan Beutler）、朱尔·阿方斯·奥夫曼（Jules Alphonse Hoffmann）、拉尔夫·马尔温·斯泰因曼（Ralph Marvin Steinman）。三位科学家揭示了免疫应答中的先天性免疫和适应性免疫是如何被激活，从而让我们对疾病机理有了一个新的见解。他们的工作为传染病、炎症以及肿瘤的防治开辟了新的道路。

绿洲·潘多拉盒的希望

　　"瘟疫和灾难都被释放了出来，潘多拉魔盒被关闭时深藏着的是希望。"

　　——病毒与人类世界的时空风暴中，生命的奥秘在黑暗里被探索，科技创造未来的希望明耀求是大道。

第六十八章
人类基因组计划

2003 年 4 月 14 日，生命科学领域的一个重要里程碑诞生了，"人类基因组计划"（Human Genome Project，HGP）完成。这标志着后基因组时代正式到来。

1985 年，人类基因组计划由美国科学家率先提出，并于 5 年后正式启动。美国、英国、法国、德国、日本和我国的科学家共同参与了这一预算高达 30 亿美元的计划。

该计划的宗旨在于绘制人类基因组的图谱，以实现破译人类遗传信息的目标。这一过程就如同以步行的方式勾勒出从北京到上海的路线图，并注明沿途的每一处风景。尽管速度缓慢，但十分精确。

人类基因组计划意义深远，基因组的破译和解读有助于诠释人类疾病和生老病死之谜，为疾病的早期预防、诊断和治疗奠定坚实基础，为解决人类健康问题提供重要的遗传信息线索。

与曼哈顿计划和阿波罗计划一起，人类基因组计划作为

三大科学计划之一，被誉为生命科学的"登月工程"。

人类基因组完成图发布后，英美科学家在 2006 年 5 月 18 日宣布完成人类 1 号染色体的基因测序。这表明计划的最后一个也是最大一个人类染色体的测序工作已经完成，历时 16 年的人类基因组计划终于结束。

这项巨大工程，测定了人类基因组中 30 亿个碱基对的核苷酸序列，已完成的序列图覆盖人类基因组所含基因区域的 99%，精确率达到 99.99%。

人类基因组计划的实施，逐步揭示了生命的本质，增进了对生物进化、人类发展和未来的认识，极大地促进了药物与疫苗的研发，带动了诊断与检测技术及产品的升级，激励了预测及预防医学的发展。

随着分子生物学的蓬勃发展，疫苗的研制技术也在逐渐更新升级。作为基因技术发展的新兴产物，基因工程疫苗避免了传统疫苗的生产成本高、免疫途径局限、安全性较低等缺点，成为现代疫苗发展的新方向。

传统的疫苗研制方法主要有两种：

其一，从自然界筛选弱毒病原微生物直接制成疫苗，如琴纳制备的天花疫苗；或者，将病原微生物持续传代弱化毒力制成减毒活疫苗（attenuated live vaccine），如巴斯德研制的狂犬病疫苗。

其二，将病原微生物进行培养后灭活，或辅以佐剂，制成灭活疫苗（inactivated vaccine），如流行性感冒疫苗。

　　基因工程疫苗（genetic engineering vaccine）通过分子生物技术克隆病毒的特定基因，"插入"酵母菌等"工程细菌"（engineering bacteria）的"输出系统"，生产引起抗体免疫保护的特定抗原，并用其制成疫苗；或者"删掉"病毒的毒力相关基因，使其成为不带毒力相关基因的基因缺失病毒，并用其制成疫苗。

　　比如，乙型肝炎基因工程疫苗就是将乙型肝炎表面抗原基因，克隆到酵母菌中大量表达抗原蛋白质研制而成。这正是，"牵"乙型肝炎表面抗原之"一发"，而"动"乙型肝炎病毒"全身"。

第六十九章

卡介苗的二百三十世

在"儿童疫苗接种时间表"中，卡介苗（Bacillus Calmette-Guérin vaccine，BCG vaccine）名列首位。新生儿出生后接受卡介苗接种用以预防结核病。卡介苗是通过牛分枝杆菌（*Mycobacterium bovis*，俗称牛型结核菌）制成的减毒疫苗。

1882 年，德国医生罗伯特·科赫在肺结核病人的痰中发现结核分枝杆菌，并证实了该菌就是结核病的致病病原体。这揭示了细菌是在全球各地造成结核疫病的真凶。结核分枝菌通过飞沫传播，病患者咳嗽时能将微滴核从呼吸道排出，被感染者常常是因吸入细菌而致病。

结核病是一种慢性传染病，结核分枝杆菌能入侵人体全身各器官，约 80% 感染肺部，常称为肺结核。发病时人体会出现低烧和全身乏力等症状，重症表现出咳嗽咯血等。这种疾病的特点是难以痊愈，特别是在缺乏有效药物的情况下。世界各地都有大量人因结核病而死亡的记载，至今它仍是一种非常严重的传染性疾病。

20 世纪初，发现病原并研制出疫苗，成了贯穿了整个时

代的医学主题，微生物学和免疫学的交相辉映，不断地涌现出举世瞩目的科学成就。当结核病的病原被确认后，人类就开始想办法如何克制结核分枝杆菌，减毒疫苗成为众望所归的重要选项。

1895 年，法国细菌学家莱昂·夏尔·阿尔贝·卡尔梅特（Léon Charles Albert Calmette）开始担任巴斯德研究所在里尔地区分支机构的负责人。里尔是一个人口刚刚超过二十万的小城市，每年却有六千多人感染结核病，一千多人因病死亡，特别是儿童感染结核的病死率竟然超过了 40%。这让卡尔梅特无比痛心，1901 年他在里尔设立了抗结核医务室。

1897 年，让–马里·卡米耶·介朗（Jean-Marie Camille Guérin）加入了卡尔梅特领导的研究所，并开始与他合作。他在 1905 年发现牛分枝杆菌可以在不引起疾病的情况下免疫动物。

在发现结核病的早期，科学家曾经尝试用结核分枝菌来研制疫苗，然而却并未获得成功。1907 年，卡尔梅特和介朗采用牛分枝杆菌研制人结核病减毒疫苗。

卡尔梅特根据挪威医生克里斯蒂安·法伊尔·安沃尔（Kristian Feyer Andvord）提出的想法，发现胆汁能减弱牛分枝杆菌的毒力，可以作为细菌减毒的重要方法。

1908 年，二人将从患结核病牛的乳汁中分离出来的牛分枝杆菌，培养在含有牛胆汁的马铃薯培养基中，每隔三周传代一次。在此过程中，为了确定细菌的毒力减弱程度，他

们用动物进行了两百多次试验，以验证动物是否会因接种活菌而感染结核病。

疫苗研制经历了漫长的过程。当培育到第二百三十代时，终于获得了被成功"驯服"的牛分枝杆菌。该菌的毒力被传代减弱，给马、牛、猴等实验动物接种后，动物对结核病产生了免疫力，并且没有发病非常安全。

1921 年，二人终于实现了愿望，制成安全有效的结核病疫苗。减毒疫苗第一次被应用于人类预防结核病，此时距他们开始此项研究已过去了整整十三年。为了纪念卡尔梅特和介朗的贡献，该疫苗被命名为"卡介苗"。

1928 年，法国有超过五万名儿童接种了这种预防结核疫苗。1948 年，国际卡介苗会议宣告，卡介苗是安全有效预防结核病的疫苗，自诞生以来接种人数已超过一千万。

如今，卡介苗是大多数国家和地区计划免疫疫苗，全球累计约有四十亿儿童受到疫苗接种的健康保护。正如卡尔梅特自己所说："无论对于什么事情，不尽力去做就是在浪费才能。"

第七十章
"上火"的肝

乙型病毒性肝炎是由乙型肝炎病毒（hepatitis B virus，HBV）引起的肝脏传染性疾病。乙型肝炎病毒可引发慢性肝病和慢性感染，病人因肝硬化和肝癌而死亡的概率很高，带来非常严峻的全球卫生问题，

据世界卫生组织统计，全世界有 2 亿多人患有乙型病毒性肝炎，每年约有 78 万人因发病而死亡。目前，乙型病毒性肝炎是我国传播最广泛、危害性很高的传染病。

1964 年，在两名多次接受输血治疗的病人的血清中，美国医学家巴鲁赫·塞缪尔·布卢姆伯格（Baruch Samuel Blumberg）和年轻的研究员哈维·詹姆斯·奥尔特（Harvey James Alter）首次发现一种异常的抗原。这种抗原能与一名澳大利亚土著人的血清产生沉淀反应，他们将这种新发现的抗原称为澳大利亚抗原（Australia antigen，Aa），后改称 HBsAg，即乙型肝炎表面抗原。

直到 1967 年，科学家才明确这种抗原与乙型病毒性肝炎有关。1970 年，英国伦敦米德尔塞克斯（Middlesex）医

院的临床病毒学家戴维·莫里斯·萨里·戴恩（David Maurice Surrey Dane）用电子显微镜观察到乙型肝炎病毒颗粒的形态。人类为了征服乙型病毒性肝炎，开展了各种研究、防治工作，与乙型肝炎病毒展开了殊死搏斗。

1981 年，采用无症状乙型肝炎表面抗原（HBsAg）携带者的血浆，经过分离和浓缩提纯乙型肝炎病毒的表面抗原，制成的第一代乙肝疫苗 Heptavax-B，获美国食品药品管理局批准上市。

生产这种疫苗的基本方法是，在含乙型肝炎表面抗原的血浆中，通过梯度离心和分离纯化技术，将病毒的有效活性抗原物质提取出来制成疫苗。由于疫苗源自人的血浆，其被称为"血源性疫苗"（blood-borne vaccine）。

在中国"改革开放 30 年十大科技进步"评选中，医学领域唯一入选的乙肝疫苗排名第三位，仅次于神舟飞船和杂交水稻。对广大百姓而言，"乙肝疫苗"的诞生是一个特大喜讯，它有效预防了乙型病毒性肝炎在人群中的传染和扩散。

人们或许不知道，我国第一支乙肝疫苗是在研制者身上试验成功的。北京大学人民医院教授、全国劳动模范、北京大学肝病研究所创始人和名誉所长陶其敏，就是首个打响乙型病毒性肝炎阻击战的人。

20 世纪 70 年代，受制于当时的设备和条件，疫苗研制道路艰辛重重。陶其敏带领研究组同事努力克服困难，在狭小的实验室内奋力拼搏，终于于 1975 年 7 月 1 日研制成功

我国第一代血源性乙肝疫苗，并将其命名为"7571疫苗"。

通常首先使用实验动物来验证疫苗的有效性和安全性。能被乙型肝炎病毒感染的实验动物只有高级灵长类动物中的大猩猩，然而当时国内缺乏用大猩猩开展实验的条件。面对这一情况，陶其敏捋起袖管说："我来试吧！"

中国首支乙肝疫苗的试验就这样开始。注射疫苗约三个月后，陶其敏体内产生了抗体。随后，很多同事也积极地参加到疫苗试验中，结果显示大部分的健康人群在接受疫苗注射后都会产生抗体。

经批准，陶其敏又对乙肝疫苗进行了五次优化，并分别在北京、江苏和广西开展疫苗的临床验证。试验人群抗体阳转率达92.3%，开启了我国疫苗预防乙型病毒性肝炎的征程。

为了促进大规模生产并推广乙肝疫苗，陶其敏在研究血源性疫苗获得成功之后，将接下来的工作交给了疫苗研制生产机构。

血源性乙肝疫苗拥有良好的乙型病毒性肝炎免疫效果，但疫苗生产中需提取患者血浆里的物质，医生和患者都担心血浆制品的安全性，因为乙型病毒性肝炎的高发人群同时也是其他疾病，如艾滋病的高发人群。

有限的来源、昂贵的价格和血源安全等问题，使乙肝疫苗研制工作举步维艰之时，新兴的基因工程技术让其又重现希望。

第七十一章

浴火重生

自发明预防天花的牛痘疫苗以后，病毒疫苗多是经过自然筛选、人工减毒或灭活等传统方法，将病原微生物制成预防传染病的安全有效生物产品。基因工程（genetic engineering）给疫苗的研发提供了一条全新的途径，使疫苗可以不含有任何病原微生物及其提取物。

1979 年，加州大学旧金山分校的威廉·拉特（William Rutter）实验室通过分子克隆（molecular cloning）技术，获得乙型肝炎表面抗原基因。1981 年，他们将此基因克隆到大肠杆菌中大量生产人乙型肝炎表面抗原。

1982 年，他们又将基因克隆到酵母细胞中表达人乙型肝炎表面抗原，并获得病毒样颗粒（virus-like particle，只含蛋白质不含基因组的病毒颗粒，在形态上与真正病毒颗粒相同或相似，但没有病毒核酸，不能自主复制，一般通过自我组装形成，无感染性但有免疫原性）。

1984 年，默克（Merck）公司成功用酵母表达的乙型肝炎表面抗原作为疫苗，并在大猩猩中证明此疫苗可以预防乙

型肝炎病毒感染，使接种者获得保护性的免疫功能。

1986 年,基因工程制成的重组乙肝疫苗获美国食品药品管理局批准，被称为第二代乙肝疫苗。

相比血源性疫苗，基因工程疫苗的优点在于生产工艺实现了自动化，大规模生产且价格便宜，质量控制也更严格。

重组乙肝疫苗的生产过程中不含任何血液成分，安全性更好，无严重副作用，而且拥有和血源性疫苗一样甚至更好的免疫效果，如今已逐渐代替血源性疫苗，是基因工程疫苗最成功的案例之一。

中国从美国引进了"乙型肝炎基因工程疫苗（酵母重组）"生产技术。1995 年，国产重组乙肝疫苗正式诞生，成为第一个中国正式批准生产并进入市场的基因工程疫苗。

1996 年，卫生部宣布在三年内逐步用重组乙肝疫苗取代血源性乙肝疫苗。1997 年，国产重组乙肝疫苗产量达到了 4 000 万支，占国内市场的 60%。重组乙肝疫苗的市场地位日益牢固，近年来的年销量约为 6 000 万支。

2005 年，我国自主知识产权的重组乙肝疫苗正式上市。我国基因工程疫苗研制技术向国际先进水平又迈进了一大步，疫苗生产能力进一步得以提升。

重组乙肝疫苗的研制成功，为新型疫苗的研发开辟了新思想和新道路。

第七十二章
病毒星球的微战争

　　埃博拉的死亡阴影笼罩着古老的大地，嗜血的"毒蛇"向全球人类健康发起挑战。截至当前，世界上还没有针对埃博拉病毒的特效治疗措施，但有候选药物在开展临床试验。美国食品药品管理局批准了可用于埃博拉病毒患者或疑似病例的试验药物，如 ZMapp，TKM-Ebola 等。

　　2014 年夏天，美国人肯特·布兰特利（Kent Brantly）和南希·瑞特博尔（Nancy Writebol）在利比亚期间感染埃博拉病毒。他们回国接受了 ZMapp 药物治疗后痊愈。这一消息为全球抗击埃博拉疫情带来了希望。

　　ZMapp 来自感染埃博拉病毒的实验动物体内所产生的抗体，由三种单克隆抗体混合制成。其中：两种来自加拿大公共健康机构国立微生物实验室研发的 ZMAb；另一种来自美国陆军传染病医学研究所研发的 MB-003（又称 Mapp）。

　　2014 年 8 月，《自然》杂志发表了 ZMapp 的研究成果。研究团队成员邱香果教授介绍，通过在猴子身上开展药物试验，ZMapp 治愈了感染埃博拉病毒的猴子。埃博拉病毒单

克隆抗体通过"锁定"并"攻击"病毒表面凸出物抗原，"挫败"病毒进入宿主细胞进行"破坏"的企图，实现了抗病毒药物功效。

研究人员构建了一个遗传操作系统，将埃博拉病毒单克隆抗体基因编码进入烟草。伴随着植物的生长，抗体蛋白质随之不断产生。通过搜集叶片组织并纯化，就能够获得具有生物活性的抗体。感染埃博拉病毒的两名医护人员经注射ZMapp而治愈，但仍需进一步的临床检测和实验数据来验证ZMapp的有效性。

法匹拉韦（favipiravir）是另一有望获批的抗埃博拉病毒药物。流感病毒和埃博拉病毒同属 RNA 病毒，因此法匹拉韦作为一种作用于 RNA 聚合酶的抗流感药物，可有效抑制病毒 RNA 的合成。已有 4 例埃博拉出血热患者在法匹拉韦药物治疗后康复，该药物具有抗埃博拉病毒的功能，已经进入临床试验阶段。

此外，埃博拉病毒基因的小 RNA 沉默干扰治疗药物（TKM-Ebola），是通过分子遗传学技术，以埃博拉病毒的遗传物质 RNA 为靶点，干扰病毒基因的正常功能，从而发挥抗病毒药物作用。TKM-Ebola 还需要接受临床考验，它在试用中发生严重不良反应，但仍被允许进行临床试验。

2015 年 8 月，多个组织机构联合研制的埃博拉疫苗rVSV-ZEBOV，在几内亚三期临床中取得 100% 有效性。受测试的 48 名埃博拉病毒感染者接受疫苗注射后，再也没感染，表明人体免疫系统能够对该疫苗反应并产生抗体，可以

预防埃博拉病毒的二次感染。

2014 年 12 月，陈薇研究团队启动了新型埃博拉疫苗研究，这是世界上第三个进入临床试验的埃博拉疫苗，也是全球首个"2014 基因突变型"埃博拉疫苗。2017 年 10 月，"重组埃博拉病毒病疫苗（腺病毒载体）"新药注册申请获批。该疫苗是国内首个获批的埃博拉疫苗，是由中国独立研发、具有完全自主知识产权的重组疫苗产品。

在此之前，全球仅有美国和俄罗斯两个国家具有可供使用的埃博拉疫苗，均为液体剂型的疫苗。与之相比，中国的冻干剂型埃博拉疫苗稳定性强，特别是在非洲等高温地区进行运输和使用时，具备更加突出的优势。

2015 年，中国科学院研制出了具有自主知识产权的埃博拉病毒快速检测试纸条和试剂盒，并在法国里昂 P4 实验室获得验证。快速检测试纸条可以实现在 15 分钟内检测埃博拉病毒，灵敏度达到最低 20 PFU（plaque forming unit，噬斑形成单位，即每单位体积或重量的病毒悬液所能形成的噬斑数，用来表征病毒滴度，1 个 PFU 即定义为 1 个感染性病毒颗粒）。

2018 年 5 月 8 日，刚果民主共和国再次发现埃博拉病例。5 月 16 日，一种新型埃博拉疫苗抵达刚果（金）首都金沙萨。

第七十三章
任尔"七十二变"

风暴带来的可能不止暴雨或冰雪，空气中幻化着的流感像云像雾又像风。越来越多的数据表明，迁徙鸟在禽流感病毒的全球传播中发挥着"载体"和"传播者"的重要角色，加强候鸟迁徙路线附近的湿地、湖泊等鸟类聚集区的流行病学调查，将有利于世界流感疫情的实时监控和预警。

世界卫生组织在《人感染 H7N9 禽流感防控联合考察报告》中表示："中国对 H7N9 流感疫情的风险评估和循证应对可作为今后类似事件应急响应的典范"。《自然》杂志发表文章，称赞中国快速发现并确认新发传染病病原的能力。

2005 年，青海湖斑头雁高致病性禽流感造成 10 个不同种的 6 000 多只野鸟发病与死亡。此次肆虐的禽流感病毒是变异的高致病性 H5N1 亚型毒株。2009 年，青海湖地区又发生了小规模的禽流感疫情。

2005 ~ 2008 年，对我国养禽场及活禽市场开展禽流感病毒流行病学调查发现，在北方地区病毒的流行宿主以鸡为主，南方地区存在鸡、鸭、鹅、鹌鹑及少数其他种类家禽等

多种流行宿主。

这项结果揭示，H5 亚型禽流感病毒扩大了感染宿主的范围，并通过基因重组产生了新的病毒亚型。这提醒我们要重视新的病毒亚型的致病与流行特征，以及病毒经哺乳动物适应后的变异趋势。

研究人员对人感染 H5N1 型禽流感患者进行检测，发现病毒主要侵染呼吸系统，也可在肠组织感染和复制，并通过消化道进行传播，还可以通过胎盘屏障。这为流感疾病的预警防控提供了科学依据。

此外，通过对中国 16 个省份 39 个市县的禽流感病毒流行状况进行持续监测发现，中国北方地区以流行 H9N2 亚型为主，长三角地区、华中地区及华南地区存在一定比例的 H7N9 亚型流行，长三角地区以南流行 H5N6 亚型。

病毒与宿主相关性分析发现，鸭群为 H5N6 亚型传播过程的中间宿主。人通过直接接触带毒禽类或污染物而感染，尚未出现人际传播。令人警醒的是，H5N6 亚型禽流感病毒已经在猪、猫、野鸟中分离发现。

与此同时，人用 H7N9 流感疫苗研发已成为目前的研究热点。

2013 年，美国生物公司 Greffex 宣布，在全球首先成功研发 H7N9 流感疫苗。次日，美国另一家生物公司 Protein Sciences 也对外宣布了 H7N9 流感疫苗研发成功的消息。葛

兰素史克、诺华等疫苗公司以及美国过敏症和传染病研究所等机构，已申请了人用 H7N9 流感疫苗的临床试验。

中国义翘神州公司宣布，已经研制出 H7N9 流感疫苗的关键蛋白——血凝素蛋白和神经氨酸酶蛋白。从获得公开的基因数据到研发成功，他们仅用了 12 天。这被认为是全球研发 H7N9 流感疫苗关键蛋白并具备量产能力的首个成功案例。

中国华兰生物公司的 H7N9 流感疫苗已经完成 I 期临床试验，并进入 II 期临床试验的筹备阶段。已有 H7N9 流感病毒灭活疫苗、减毒活疫苗、重组疫苗完成了 I 期或 II 期临床研究。

2017 年，复旦大学研究团队从一个超大型天然全人源抗体库中筛选出了靶向 H7N9 流感病毒高活性的 m826 全人源抗体。该抗体不直接中和流感病毒，而是通过招募自然杀伤细胞等免疫细胞，消灭病毒及被病毒感染的细胞，具有很强的抗病毒效力。

类似 m826 全人源抗体的抗体序列，不仅可以在 H7N9 流感病毒感染康复后的病人体内找到，还可以在健康人、婴儿体内找到。这些发现为如何更有效地研制针对新发传染病的疫苗及药物提供了重要启示。

第七十四章
斩断中东毒刺

　　神秘的中东不止有劫掠财宝的四十大盗，还经受着新型冠状病毒的严酷考验。MERS 疫情的暴发，给世界公共卫生安全敲响了警钟。

　　2012 年，中国科学院和复旦大学的科学家们就开始关注 MERS 疫情的发展，尽管当时全球受 MERS 冠状病毒感染者只有 9 人。2013 年，高福研究团队阐明了 MERS 冠状病毒侵入宿主细胞的机制，开发出靶向 MERS 冠状病毒的人源中和抗体4C2 和 2E6，成为预防和治疗 MERS 的候选药物。次年，研究团队发现 MERS 冠状病毒起源于一种蝙蝠冠状病毒，而骆驼则是其中间宿主。

　　西班牙马德里大学的研究人员利用反向遗传学技术，将 MERS 冠状病毒的结构蛋白基因缺失。这种变异的病毒感染细胞后，不具备复制的能力，但可以诱导机体产生免疫反应，是一种相对弱毒的候选疫苗。

　　2014 年，姜世勃研究团队研发了抗 MERS 冠状病毒多肽 HR2P。HR2P 能有效地抑制 MERS 冠状病毒对不同细胞

的感染。该团队在此基础上设计了一个新多肽 HR2P-M2，大大提高了结构稳定性、水溶性、抗病毒活性及广谱性。

HR2P-M2 具有非常好的抗 MERS 冠状病毒功能，并能以"鼻腔喷雾法"的给药方式用于高危人群的紧急预防。HR2P-M2 还可用于 MERS 冠状病毒感染者，可有效降低感染者释放病毒颗粒的数量，从而达到控制传染源的效果。

美国诺瓦瓦克斯（Novavax）公司和马里兰大学的合作团队，通过建立表面锚定蛋白纳米技术平台，研制出新型的 MERS 疫苗，并且在动物试验中取得了好的效果。此前，基于这个技术平台曾发展制备了 SARS 疫苗，为 MERS 等病毒病的防控提供了高效技术体系。

2015 年，姜世勃研究团队开发了对 MERS 冠状病毒具有高抑制活性的全人源单克隆抗体 m336，成为针对 MERS 冠状病毒最好的候选治疗药物之一。他们还成功筛选出小分子药物 K22。这是一种强效抑制 MERS 冠状病毒等多种病毒 RNA 合成的抑制剂。

牛痘病毒曾经用于人类消灭天花。德国感染研究中心研制出一种以牛痘病毒为载体的 MERS 疫苗。他们运用分子克隆技术，将 MERS 冠状病毒的抗原基因通过牛痘病毒载体表达抗原蛋白质，在小鼠体内诱导产生保护性中和抗体，为研制 MERS 疫苗提供了科学依据。

2017 年，中国医学科学院金奇等联合研究团队，从一名感染过 MERS 的康复者体内，分离到了能够中和 MERS 冠

状病毒的人源化单克隆抗体 MCA1，对预防和治疗 MERS
具有重要临床价值。

从发现病毒到研发疫苗和药物，人类已经在 SARS、
MERS 来袭的风暴中，做好了应对和防范的准备。从遭遇疫
情暴发时损失巨大和心理恐慌，到具备应急救治能力和预防
机制，甚至料病毒于未知。

第七十五章
精准制导的分子武器

世界各地的城市飘荡着尘霾，全人类的关切从不缺席艾滋病。截至 2016 年年底，全球约有 3 670 万人类免疫缺陷病毒感染者。2017 年，约 2 090 万人类免疫缺陷病毒感染者接受抗病毒治疗并取得疗效。这有效地抑制了艾滋病的流行。

艾滋病的高患病率及病死率给世界各国社会与经济带来沉重负担，使之成为严重的全球公共卫生问题。目前没有针对艾滋病的治愈方法，通过有效的抗逆转录病毒药物可控制人类免疫缺陷病毒并防止其传播，使人类免疫缺陷病毒携带者以及艾滋病患者可以享有健康且有益的生活。

"道高一尺，魔高一丈。"科学家发现，人类免疫缺陷病毒在感染和复制的过程中，经常发生结构和功能的变化，这可能导致抗病毒药物失去效力，也就是病毒产生了"耐药性"。此后病毒迅速在体内繁殖，加速患者的死亡。

1996 年 12 月 31 日，美籍华裔科学家何大一发明了艾滋病治疗新方法 —— 鸡尾酒疗法，有效降低了艾滋病患者的病死率。鸡尾酒疗法又称高效抗逆转录病毒治疗（highly active

anti-retroviral therapy，HAART），是联合使用几种（通常是三种或四种）抗逆转录病毒药物治疗逆转录病毒感染。每一种药物针对人类免疫缺陷病毒繁殖周期中的关键环节，从而达到抑制病毒，治疗艾滋病的目的。

鸡尾酒疗法可以减少单一用药产生的耐药性，最大限度地抑制病毒的复制。比如，把蛋白酶抑制剂与逆转录酶药剂联合使用，可同时在人类免疫缺陷病毒核酸和蛋白质水平上产生抑制病毒的功效，从病毒的"弱点"实施"精准"打击。

一项历时 6 年的统计显示，鸡尾酒疗法让全球新感染人类免疫缺陷病毒的病例数下降了 16%，同期的致死病例人数下降了 32%，患者免疫功能部分恢复并延长了生命。联合国艾滋病规划署发布报告称，这是艾滋病治疗史上的第一次。

全球超过一半的艾滋病患者在接受鸡尾酒疗法。一项报告称，由于治疗手段的改进，对艾滋病的确诊、早期治疗以及预防，都取得了阶段性成果。鸡尾酒疗法虽然不能完全治愈艾滋病，但它是治疗艾滋病的最有效办法。

1996 年，何大一被《时代》周刊评选为年度风云人物。2001 年，他获得美国"总统国民勋章"。2006 年，时任加利福尼亚州州长阿诺德·施瓦辛格等推荐他入选首届加州名人堂。2010 年，他被《时代》周刊称为"打败艾滋病的人"。

疫苗是国际公认的预防和控制艾滋病的最有效方式，也是人类最期望的终结艾滋病的抗病毒利器。2009 年，在泰国开展临床试验的艾滋病候选疫苗 RV144，是目前唯一显示

产生抗病毒保护效果的候选疫苗。该候选疫苗因只有 31%
的预防功效而未被批准。迄今为止，人类仍然没有开发出艾
滋病疫苗。

2016 年，国际著名刊物《自然医学》在全球抗艾滋病新
药产品链报告中指出，开发长效新药是解决长期药物治疗失
败病例的最适策略，并点评了正在进行临床试验的三种长效
抗艾滋病候选药物。其中，来自中国的艾博卫泰已进入上市
冲刺阶段，有望成为全球首个长效抗艾滋病新药。

这种新药由谢东研究团队研制。药物设计通过阻断病
毒与细胞膜融合，抑制病毒进入宿主细胞。艾博卫泰能在人
类免疫缺陷病毒感染初始环节阻断病毒复制周期，采用每周
注射替代每日口服的治疗方式。

2017 年，美国洛克菲勒大学的研究人员开发了一种新
型的生物制剂，命名为 10-1074。该制剂属于广谱中和抗体
（broadly neutralizing antibodies，bNAbs）。应用它进行的试
验是这一类药物开展的首个人类临床试验。

广谱中和抗体存在于艾滋病患者体内。尽管患者的免
疫系统并不能有效抵御病毒，但是相比其他抗体而言，10-
1074 能够与病毒的不同部位结合，是目前最具潜力的广谱中
和抗体。

人类免疫缺陷病毒的包膜外近膜侧区（membrane-
proximal external region，MPER）是病毒与宿主细胞膜融合
中的重要角色，并且还是已知人类免疫缺陷病毒广谱中和抗

体的关键靶点。目前，国际前沿研究团队正在针对病毒"热点区"包膜外近膜侧区进行深入探索，发展未来新一代的艾滋病疫苗策略。

历时三十多年的跌宕起伏的艾滋病攻坚，是这个星球上人类对抗病毒的战斗，也是世界人民享有健康与和平的共同呼声。

这一场持久战还在继续。

第七十六章
"无序"终结者

有的刺客很冷酷，有的武器很犀利，这个杀手很温和却也非常致命。全球每年约有 50 万妇女被诊断为宫颈癌，约有 28.8 万患者死亡。在中国，每年新增宫颈癌病例约 13.5 万，约有 8 万人因此死亡。

2008 年 6 月，历时五年的《中国妇女人乳头瘤病毒感染和宫颈癌流行病学调查》结果显示，城市、农村妇女高危型人乳头状瘤病毒感染率分别为 15.2% 和 14.6%，20～24 岁和 40～44 岁两个年龄段呈现感染高峰。其中，人乳头状瘤病毒 16 型和 18 型是导致中国妇女患子宫颈癌的最主要病原。

预防疾病，人们首先会想起疫苗。

若问及能够防治癌症的疫苗，现在世上唯一的"答案"便是——人乳头状瘤病毒疫苗。

2006 年，美国食品药品管理局批准人乳头状瘤病毒疫苗上市，对于高危人乳头状瘤病毒 16 型和 18 型的保护效果在 95% 以上。由此，宫颈癌可能成为人类通过疫苗预防，并被

消除的第一个恶性肿瘤疾病。

目前，已上市的人乳头状瘤病毒疫苗有三种，分别是二价卉妍康（Cervarix，又称希瑞适）、四价加卫苗（Gardasil 4），以及新型九价加卫苗（Gardasil 9）。不同病毒所引起的疾病有所不同。总的来说，疫苗的"价"越高预防的疾病越多。

三种人乳头状瘤病毒疫苗的区别在于预防的病毒不同：二价疫苗可预防 16 型、18 型两种病毒；四价疫苗可预防 6 型、11 型、16 型、18 型四种病毒；九价疫苗可预防 6 型、11 型、16 型、18 型、31 型、33 型、45 型、52 型、58 型九种病毒。

2014 年，世界卫生组织发布指南，建议适龄女性注射人乳头状瘤病毒疫苗。数据显示，通过筛查和人乳头状瘤病毒疫苗免疫预防，能显著地降低宫颈癌发病率。

厦门大学夏宁邵研究团队研制的一种基因工程表达系统的人乳头状瘤病毒疫苗，属于人乳头状瘤病毒 16 型、人乳头状瘤病毒 18 型两价苗。至 2017 年底，国产第一代人乳头状瘤病毒二价疫苗完成临床试验，第二代九价疫苗也获得临床试验批件。

目前，夏宁邵研究团队研制的第三代人乳头状瘤病毒疫苗，在国际上首次实现了覆盖二十种病毒亚型的功效，还将以更强大的免疫功能和低于进口疫苗的价格，走在全球人乳头状瘤病毒疫苗研究的前列。

人乳头状瘤病毒疫苗可以预防高危型人乳头状瘤病毒等主要病毒型的感染，无法清除已有人乳头状瘤病毒持续性感染。人乳头状瘤病毒抗病毒药物能够治疗人乳头状瘤病毒感染疾病。

2015 年，姜世勃研究团队研发出一种能有效阻断人乳头状瘤病毒感染的生物制剂 JB01，在临床上对病毒感染阻断效果显著，填补了国际人乳头状瘤病毒治疗药物领域的空白，为防治宫颈癌提供了"新式武器"。

2018 年，我国已经陆续批准了二价、四价和九价的人乳头状瘤病毒疫苗上市。

无论在何时何地，无论在历史或未来，人类从未停息对生命的探索，从未暂停对健康的守护。群星璀璨的文明仿佛闪电划开了长夜。

四海翻腾云水怒，五洲震荡风雷激。